KB020639

행운신이 찾아오는 집
가난신이 숨어드는 집

행운신이 찾아오는 집 가난신이 숨어드는 집

다시는 불행해지지 않는 정리의 심리학

이토 유지 지음 | 홍미화 옮김

WILLSTYLE

차라리 야반도주라도 해서

시골에 숨어버릴까….

이런 생각에 빠져

삶의 밑바닥을 헤매던 어느 날 밤,

나에게 믿을 수 없는 환각이 보이기 시작했다.

하지만 그것은

'기적의 시작'이기도 했다.

"이제는 이혼해서 자유로워지고 싶어!"

세미나를 마치고 친구와 들른 카페에서 구제불능 남편에 대한 푸념과 함께 이 말을 한 것이 벌써 몇 번째인지…. 다른 사람에게 하는 푸념뿐 아니라 나의 마음속에서도 이미 수백 번도 넘게 되새긴 말이었다.

나는 옷가게에서 일하며 남편인 히로키와 둘이서 살고 있다.

하지만 융통성 없는 남편은 생활력이 없는 데다가 맞벌이임에도 불구하고 집안일은 전부 내 몫이었다. 아무리 불만을 얘기해도 어물쩍 넘어가는 모습에 나는 더욱 화가 났다.

그런 남편에게 정나미가 떨어져서 내 머릿속 한구석에는 언제나 '이혼'이라는 두 글자가 떠나지 않고 있었다. '이 사람과 이혼만 하면 나의 미래는 창창할 것'이라는 생각이었다.

하지만 나는 또 나대로 남편에게 말할 수 없는 문제를 안고 있었다. 어서 이런 한심한 남편과 헤어져 제대로 독립해야겠다고 생각하기 시작했을 때, 친구의 권유로 따라간 여성 기업가의 세미나에서 나는 적지 않은 충격을 받았다.

나와 나이가 비슷해 보이는 기업가인 그녀도 수년 전까지 나와 똑같은 환경에 처해 있었다는 것이다.

평범한 외모에, 평범한 학력, 평범한 회사에서 사무를 보던 그녀가 자기계발을 한 끝에 언제나 어긋나는 남편과 이혼하고 사업을 시작, 지금은 자신이 좋아하는 일만 하면서 생활하기에 넉넉한 돈을 벌고 1년에 반은 파트너가 있는 해외에서 생활한다는 것.

"저도 했는데 여러분도 안 될 리가 없습니다!"

세미나실의 구석에 앉아 있던 나는 강단 있는 그녀의 눈과 마주친 순간, 마법에 걸린 듯 가슴이 뛰기 시작했다.

'행동으로 옮기면 나도 내 인생을 바꿀 수 있다…!'

확신을 가진 나는 그 후로 투자나 비즈니스 세미나 외에도 몰래 자기계발 풍의 세미나까지 온갖 고액의 세미나를 두루 수강해서 자립을 위한 준비를 해나가고 있었다.

하지만….

꿈을 북돋우는 광고나 자극적인 문구를 내세워 '자신에게 투자해서 비즈니스를 하면 반드시 성공할 수 있습니다!'라며 자립을 독려하는 세미나들마다 정작 '돈이 될 만한 무엇'은 전혀 알려주지 않았다.

정신을 차리고 보니 이런저런 고액 세미나에 돈을 물 쓰듯 하면서 갈팡질팡하는 사이에 주택담보 대출을 포함해 빚이 5천만 원 가까이 불어나 있었다.

'이러려고 했던 건 아닌데…. 경제적으로 자립해서 무능한 남편에게서도 해방되고 자유로워지려던 것이었는데…!!!'

그런 마음속 외침도 이미 늦은 것이었다. 모든 것을 깨닫고 나를 돌아봤을 때는 이미 어찌해야 좋을지 모를 상태였다.

'세상에서 가장 불행한 사람이 되어 주겠어!'

원인도 제대로 따져보지 않은 채 나는 혼자서 이렇게 외쳤다. 그러면서 주위를 둘러보니 집은 발 디딜 틈조차 없는 폐허가 되어 있는 것을 깨달았다. 어디서부터 손을 대야 할지 막막했다.

사방으로 살림에 둘러싸여 햇빛조차 들지 않는 어두운 방에서 동굴 속에 사는 듯이 보낸 하루하루였던 것이다.

그러던 어느 날, 세미나에서 만나 가까워진 친구 몇 명이 나의 곤란한 사정을 알고는 보다 못해 도와주려고 찾아왔다. 고맙기도 하고 보여주기 부끄럽기도 해서 당일까지 조금이라도 집을 정리해보려고 했지만, 역시 혼자 힘으로는 어떻게 해볼 수가 없었다.

찾아온 친구는 세 명. 가까운 역까지 그녀들을 맞이하러 나갔다. 모두들 재미 삼아 온 것인지, 아니면 집이 얼마나 더러운지 구경하고 싶었던 것인지 이런저런 얘기로 키득거리며 걸었고, 공터의 모퉁이를 돌자 우리집이 보였다.

"저기가 우리집이야."라는 말을 했을 때였다. 그들 중 한 명의 표정이 갑자기 흐려졌다. 그리고 집 앞에 도착했을 때 입을 열었다.

"조금 이상한 기분이 들어…."

몹시 당황한 듯이 그녀는 "이 집, 아주 위험해 보여…. 미안하지만 결계를 쳐둬야겠어!"라며 갑자기 무슨 의식을 치르는 듯한 행동을 하기 시작했다.

사실 그녀는 평소에도 영적인 기운을 잘 느끼는, 말하자면 '영매'의 능력을 가지고 있었다. 그런 그녀가 지금까지 보인 적 없는 당황한 모습을 보이자, 나머지 두 명도 조금 전까지 키득거리던 웃음기를 거두고 말았다.

결계를 치는 의식을 끝내고 물건이 가득 쌓인 집으로 들어갔다.

'나와 남편은 아무렇지도 않게 지내는데 이들에겐 이상한 곳인가?'

내심 그러한 생각을 하면서 세 명을 집안으로 들였는데, 현관에 들어오자마자 한 명이 신발을 가리키며 크게 소리를 질렀다.

"앗! 신발이 이렇게 많은데 거의 다 곰팡이가 피었어! 현관에서 곰팡이 냄새가 나!"

그러자 영력이 있는 그녀가 득달같이 말했다.

"집안에 들어오니 점점 더 기분 나쁜 기운이…."

그러면서 그녀는 가방에서 뭔가를 꺼내 톡톡 두드리기 시작했다. 자세히 보니 그것은 귀신을 내쫓을 때 쓰는 부싯돌이었다.

"안 돼. 불이 전혀 붙지 않아."

신발에 곰팡이가 핀 것이 당연하다는 듯, 우리집에 습기가 있는 탓인지 그녀의 부싯돌도 효과가 없었고 탁한 부싯돌 소리만 무심하게 울려 퍼졌다.

집에 들어오기까지 30분 이상의 시간이 흘러간 후 겨우 안으로 발을 디딜 수 있었는데…, 드디어 비극이 일어난 듯 비명소리만이 울려 퍼지는 시간이 오고야 말았다.

그녀들의 상상을 훨씬 뛰어넘는 상태였던지, 집 정리는 해도 해도 좀처럼 진척이 없었고 모두가 축 늘어져서 돌아가고 말았다. 훗날에 나눈 얘기지만 세 사람은 그 후에 며칠간 모두가 원인을 알 수 없는 증상으로 몸이 아팠다고 한다.

이제 친구들도 정나미가 떨어진 것이 틀림없었다. 사태는 걷잡을 수 없이 절망적으로 흘러갔다.

"뭐야, 가난뱅이 신이 들러붙었다고밖에 생각이 안 들잖아! 이제 지긋지긋해! 여기에서 해방되고 싶어!!"

모든 것이 싫어져 크게 소리를 지른 순간,

“**나도 해방되고 싶다!**”

어디선가 들어본 적도 없는 어린아이의 목소리가 들려왔다.

“누, 누가 있어?”

주위를 둘러보며 소리가 난 현관 쪽으로 살금살금 가보니 한 여자아이가 벳코아메(황설탕으로 만든 사탕)를 날름거리며 화가 난 얼굴로 서 있었다.

"너, 누구야?!"

상황을 이해하지 못한 채로 나는 여자아이에게 다가갔다.

"나는 행운신이야. 내가 아주 좋아하는 벳코아메를 보고 이 집으로 들어왔더니 나갈 수가 없게 됐어! 빨리 결계를 풀어서 나가게 해줘! 이렇게 계속 있고 싶지 않다고!!"

이것은 환상일까?

'행운신'이라는 여자아이와 나는 얘기를 나누고 있다.

"만나는 사람에게 행운을 가져다준다는 그 행운신?"

설마 하는 마음으로 물어보았더니…,

"그렇다면 어쩔 건데? 아무래도 좋으니 빨리 나를 나가게 해줘!!"

"안 돼! 나가면 안 돼! 다 들어줄 테니까!!"

행운신이 우리집에 들어왔다.

게다가 우리집에 자리 잡고 살았던 것은 아니지만, 친구가 쳐둔 결계 덕분에 지금 갇혀 있다는 것이다.

이런 기회는 인생에 두 번 다시 오지 않을지도 모른다.

이 기회에 어떻게든 우리집에 살게 해야만 하는데….

나는 미래를 향한 희미한 기대를 품으면서 돌연히 나타난 행운신과의 기묘한 이야기를 시작했다.

| 공간심리상담가의 해설 |

행운신이 살고 싶은 집

상상해보세요. 물질적 풍요와 행복을 가져다준다는 행운신이 당신의 집으로 찾아오는 순간을.
이것은 좋은 징조입니다. 행운신이 들어온 순간부터 당신이 상상도 하지 못할 행운이 우르르 밀려듭니다. 그런 모습을 상상하는 것만으로도 왠지 가슴이 두근두근하지 않습니까?

저는 공간심리상담가로서 지금껏 수많은 집과 그곳에 살고 있는 사람들의 심리를 연구해왔습니다.
그러한 경험을 바탕으로 가정도 원만하고 경제적으로도 풍요로운 삶을 사는 사람들의 집에는 어느 정도의 일정한 특징이 있다는 것을 알아냈습니다. 그리고 그것이 행운신 전설과 관련된 특징이라는 것을 알아차린 순간, 마음이 요동쳤습니다.
그것을 기초로 집을 꾸미는 제안을 해나가자 가족관계, 직장, 인간관계 등의 모든 상황이 호전되는 경우를 가까이에서 지켜보게 되었습니다.
행운신이 찾아오는 집은 돈이 굴러들어와 잘살게 된다고 합니다. 이는 집을 바꿔서 행운신이 찾아올 수 있게 만들면 극적인 변화를 이룰 수 있다는 뜻입니다.

이번엔 당신의 차례입니다. 준비는 되셨습니까?

이제 다시는 돌아가지 않겠다는 생각을 가져 주십시오. 이후로 행복과 부가 평생 동안 끊이지 않을 것입니다. 다시는 불행한 당신으로 되돌아가지 않을 거라고 가슴에 새겨두고 시작해주세요.

행운신이 떠나간 집은 망한다는 말도 전해지고 있습니다.

행운은 '오는 것'이 중요한 것이 아니라 '유지하는 것'이 중요합니다. 부유함도 이루는 것이 목적이 아니라 '계속 유지하는 것'이 발전하고 번영하는 철칙인 것입니다.

그와 동시에 행운신도 찾아오는 것이 중요한 게 아니라 행운신이 계속 머물게 하는 것이 중요합니다. 그렇기 때문에 여러분은 지금부터 되돌아갈 수 없습니다.

평생 행복할 마음의 준비는 되셨나요?

그러면 당장 행운신이 살고 싶어 하는 집에 대해 자세히 살펴보기로 하겠습니다.

이 책에는 일본에 전해 내려오는 자시키와라시(座敷童子)와 빈보가미(貧乏神)라는 두 신이 등장합니다.

자시키와라시는 다다미나 창고에 살며, 모습을 본 사람에게는 행운을 가져다주고 물질적 풍요를 불러온다는 전설이 있습니다. 집에서 나갈 경우 행운이 사라진다고도 합니다. 이 책에선 '행운신'으로 부릅니다.

빈보가미는 벽장이나 지붕 위에 몰래 얹혀살면서 그 집안을 궁핍하게 만들어 버린다고 전해집니다. 이 책에선 '가난신'으로 부릅니다.

유카

옷가게 점원. 화려한 여성 기업가를 꿈꾸며 열심히 따라 했지만 집도, 정신도 엉망이 되어서 '사는 게 참 어렵다'라면서 집에 틀어박혀 있다.

히로키

유카의 남편. 착하고 유순한 성격이지만 여린 성품 때문에 문제에 휘말리는 경우가 종종 있다. 언제나 유카에게 주눅이 들어 있다.

행운신

우연한 계기로 유카의 집에 들어왔다. 악의 없는 유쾌한 장난을 매우 좋아한다. 머무는 집에 행운과 부를 가져다주는 귀한 손님이다.

가난신

불행을 더없이 사랑하는 빈약한 신. 유카의 집을 최고의 낙원으로 생각한다. 유카를 불행으로 이끌기 위한 가르침에 열심이다.

차례

2장.

세상에서 가장 불행해지는 가난신의 가르침

3장.
불행한 사람의 사고방식에서 행운신의 사고방식으로

4장.
행운신의 마음에 드는 집 만들기

5장.
행복해지는 용기

1장.

가난신 선생, 나타나다

행운신이 준 선물

갑작스럽게 내 앞에 나타난 행운신. 그것은 어둠 속을 헤매던 내게 한 줄기 빛과 같은 존재였다.

"행운신아! 나, 어떻게 해서든 지금의 상황을 바꾸려 하고 있어! 뭐든 할 테니 부탁이야. 제발 좀 도와줘!"

이런 기회는 인생에서 두 번 다시 오지 않겠지. 그래서 나는 생각한 것을 전부 행운신에게 전했다.

"뭐? 그런 건 난 몰라! 나는 빨리 여기서 나가고 싶어! 그런 건 저기 있는 할아버지한테나 얘기하라고!"

행운신이 그렇게 얘기하며 가리킨 곳에는 아무도 보이지 않았다. 이 집에 나와 남편 이외의 누군가가 있을 리가 없었다.

"뭐라고 그랬어? 할아버지가 어디 있다고. 이왕이면 좀 더 그럴듯한 거짓말을 해줘!"

그렇게 말하는 순간, 행운신은 입을 벌리고 멍한 표정을 지었다.

"뭐야? 안 보이는 거야? 그렇구나!"

행운신은 갑자기 신이 난 듯이 기분 나쁜 웃음을 보였다.

"아, 알았다! 그럼 내가 지금부터 네가 원하는 것을 들어줄게."

조금 전까지와는 다른 모습에 의아한 마음도 들었지만, 그 말을 믿기로 했다.

"정말 내 소원, 들어줄 거야?"

"좋아! 지금부터 마술을 보여줄 테니 눈을 감아. 3초 후에는 멋진 세상이 기다릴 거야!"

'어쩜, 세상에나! 나에게도 이런 행운이 오다니! 이제 됐어. 난 지금까지 잘 견뎌온 거야!'

눈을 감자 지금까지 겪었던 고생이 주마등처럼 스쳤다.

"자, 이제 마술을 건다. 3, 2, 1…. 됐어. 이제 눈을 떠도 좋아."

눈을 뜨면 이제까지 나를 막았던 모든 것들에 대한 보상을 받아 딴 세상이 펼쳐질 것이다. 장밋빛 인생이! 그러한 기대에 가슴이 부풀어 오르는 것을 느끼며 나는 천천히 눈을 떴다.

"응? 뭐야!!! 당신, 누구야?!"

눈을 뜬 내 앞에 나타난 것은 꾀죄죄한 몰골을 한 노인이었다.

이해가 되지 않는 상황에 망연자실하고 있는데….

"아이고, 이거야 원! 정말로 감사합니다! 유카 씨, 제가 드디어 보인단 말씀입죠. 전부터 이 집에 살고 있었지만 이 기회를 빌려 자기소개를 하겠습니다요. 저는 가난신이라고 합니다."

뭐라는 거야. 장밋빛 인생을 시작해야 하는 내 앞에 웬 가난신이라는 이상한 노인이 나타난 거야! 게다가 내 이름까지 알고 있는 것이 너무나 기분 나쁘게 느껴졌다.

"아, 그러고 보니 행운신은 어디 갔지?"

갑작스러운 상황이 도무지 이해되지 않았지만 정신을 차려 주위를 둘러보았다.

하지만 조금 전까지 있었던 행운신은 보이지 않았다.

내가 두리번거리며 필사적으로 행운신을 찾고 있을 때 난데없이 목소리가 들려왔다.

"와하하하! 소원대로 할아버지가 보이도록 해줬지? 이제부터 할아버지와 아주 많은 얘기를 나누라고! 안녕!"

"뭐? 뭐라고? 무슨 말이야? 기다려!"

간절한 외침도 허무하게 행운신은 그대로 사라져버렸다.

대신 눈앞에 있는 것은 가난뱅이 신이라는 노인이었다.

해피엔드를 맞이할 순간에 다시 구렁텅이에 빠진 나는 그 자리에서 무너졌다. 역시 인생은 그렇게 만만한 것이 아니었나….

"히히힛. 왜 그렇게 낙담하는 겁니까? 기뻐해 주세요. 나는 당신의 소원을 들어줄 수 있는 존재입니다요."

기분 나쁜 웃음을 띠며 노인은 자신만만하게 얘기했다.

그 목소리에 화가 난 나는 노인에게 대답했다.

"당신, 정말 가난신이야? 가난신이라면 인간을 불행하게 만드는 신이잖아. 나는 불행해지고 싶지 않다고!"

"히히힛. 뭐라는 겁니까요? 당신은 스스로 확실히 이렇게 말했잖습니까? '이제부터 세상에서 가장 불행한 사람이 되어 주겠어!' 라고. 그 강한 열망에 감명을 받은 제가 당신의 소원을 들어주기 위해 그즈음부터 여기서 살기 시작했습죠. 그나저나 이 집은 너무 편안해서 견딜 수가 없을 지경입니다요."

나는 말문이 막혔다. 마음속으로 세상에서 가장 불행한 사람이 되겠다고 말했던 게 생각났다.

하지만 그건 뭐, 농담이랄까, 자포자기의 기분이랄까, 아무튼 진심으로 그렇게 마음먹을 리는 없지 않은가….

"자, 그런 불안한 얼굴은 하지 말고 안심해주세요. 제가 지금부터 당신을 불행으로 곧장 안내해드릴 테니까요."

안심한 채 불행을 향해 곧장 간다는 것은 무슨 의미일까. 상황을 이해하지 못하고 나는 그대로 멍해졌다.

"최악이야…. 이제 다 끝났어."

헛된 꿈도 유분수지. 조금 전까지 고조되고 있던 기분이 단숨에 식어버렸고 기력도 빠져나갔다.

"나는 이대로 가난신에 이끌려 불행의 늪으로 가라앉을 거야…."

토해내듯 얘기하던 그 순간,

'잠깐. 가난신이 말하는 것을 들으니 내가 불행해진다는 의미잖아. 그렇다는 것은 반대로 하면 불행에서 탈출할 수 있다는 말일지도…?'

나의 청개구리 같은 성격 덕분에 그런 생각이 퍼뜩 떠올랐다.

"당신이 말하는 것을 들으니 내가 세상에서 가장 불행한 사람이 될 수 있다는 뜻인가?"

"그렇고말고요. 틀림없이 당신을 세상에서 가장 불행하게 이끌어드립죠. 맹세코 말입니다."

대답을 들으니 조금은 희망이 보이는 듯했다. 세상에서 가장 불행하게 되는 법을 정반대로 행하면 세상에서 가장 행복하게 될 가능성이 있지 않은가.

"저기, 가난신아, 나는 얼마나 걸려야 세상에서 가장 불행하게 되는 거야?"

"그건 뭐, 당신의 노력에 따라서지요. 아무튼 서둘러서 불행의 세계로 안내해드립죠. 하지만 지금은 결계가 쳐져 있어서 보이지 않을 수도 있겠지만 행운신이 아직 이 집에 있습니다. 그러는 동안 나의 능력도 반이나 줄어서 조금은 지루할 수 있지만 그 결계도 3주 후면 없어질 겁니다요. 이제부터는 최대한 빨리 제트코스터처럼 당신을 불행의 구렁텅이로 이끌어드리겠습니다. 모쪼록 안심하세요."

무심코 물어본 말이었는데 의외의 사실을 알게 되었다. 아직 행운신이 이 집에 있다는 말이었다. 게다가 친구가 쳐둔 결계 덕분에 3주 동안은 집에서 나가지 못한다는 것이다. 어딘가에 행운신이 있다는 사실이 나의 마음에 더욱 불을 지폈다.

"가난신아, 나 이제부터 아주 열심히 노력해서 불행해질 테니 되도록 자세하게 설명해줄 테야?"

"물론입죠. 정말 열정이 대단하십니다요. 당신은 가난신 계의 스타입니다. 솔직히 저는 여태껏 불행해지고 싶다고 기도하는 사

람을 만난 적이 없습니다요. 자아, 그럼 지금부터 불행의 구렁텅이로 함께 여행을 떠나보시지요."

가난신 계의 스타…. 정말이지 기쁠 리 없는 호칭이다. 하지만 이렇게 낙담하고 있을 시간이 없다. 나에게 남은 시간은 3주. 그 시간 동안 되도록 가난신에게 불행해지는 방법을 듣고 '그 반대로 실행할 것', 이것이 지금의 내가 행복해질 수 있는 유일한 방법이다.

'난 반드시 행복해질 거야!'

나는 마음속으로 다짐하며 가난신과의 생활을 받아들이기로 마음먹었다.

불행을 아는 것이 행복의 열쇠가 된다

행운신이 찾아와 행복해지려는 순간에 가난신으로 뒤바뀌어 버린 사건. 그렇게 쉽게 행운이 온다면 누구도 고생을 하는 일은 없겠지요. 주인공인 유카 씨도 처음부터 그러한 현실에 맞닥뜨리게 되었습니다.

저는 공간심리상담가로 활동하면서 유카 씨처럼 자기계발 세미나나 다양한 공부에 수천만 원, 어떤 이는 억 단위 이상의 돈을 쓰면서 자기계발에 투자하는 사람들의 상담을 아주 많이 했습니다.

그러한 사람들은 대부분 방에 물건이 차고 넘칠 정도로 많은 상태였고, 바라는 대로 돈이 들어오기는커녕 반대로 빚에 쪼들려 지내는 경우가 다수라는 사실도 알게 되었습니다.

물론, 자기 투자가 나쁜 것은 아닙니다.

자기 투자를 제대로 해나가는 사람과 그렇지 않은 사람에는 명확한 차이가 있습니다. 그것은 무엇일까요?

먼저 자기 투자가 반드시 성공으로 직결되는 것은 아니라는 점을 인식하고 있는지 여부일 것입니다. 또 무엇이 나를 행복하게 만드는지 아는 것 이상으로, 무엇이 나를 불행하게 만드는지도 명확하게 알고 있어야 합니다. 그 여부가 진정한 행복을 이끌어내기 위한 기본 요소이지만, 그러한 사실을 많은 이들이 간과하고 있습니다. 말하자면 맹점인 셈이지요.
인간에게는 본래 '안전해지고 싶다'는 본능이 있습니다. 자신이 안전하기 위해서 '위험을 회피'하는 행동을 취하는 것이 인간의 근원적인 행동 원리입니다.
예를 들면, 다음 두 가지의 질문을 가지고 생각을 해보세요.

① 오늘 안으로 집을 치우면 약 1천만 원의 상금을 드립니다.
② 오늘 안으로 집을 치우지 않으면 1천만 원의 벌금을 물게 됩니다.

이 두 가지 중에 어느 쪽의 행동에 불이 붙을 거라고 생각합니까?
①은 위험 부담이 없고 실행하면 장점이 있는 상태.
②는 하지 않으면 확실하게 위험이 따르는 상태.
이 두 가지를 비교했을 때 먼저 행동을 취하게 되는 것은 위험 부담이 있는 ②일 것입니다.
이 위험 회피의 원리를 좋은 의미로 활용할 수 있다면 더욱 빠르게 현실을 바꾸어 갈 수 있다고 생각합니다.

이 책에서는 유카 씨가 가난신에게 불행해지는 방법을 듣고 정반대로 실행할 것이라는 발상으로 마음을 고쳐먹는 이야기가 펼쳐집니다.

'불행의 역발상으로 행복을 이끌어내는' 발상이야말로 가장 확실하고 현실적인 성공 법칙인 것입니다.

위험을 회피하는 것이 인간의 본능임을 염두하면서, 가난신과 엮어나가는 유카 씨의 이야기를 모쪼록 주의 깊게 살펴봐 주세요.

그러한 과정 중에 반드시 여러분의 상황이 더욱 나은 방향으로 향하도록 자연스럽게 인식의 변화가 생겨날 것입니다.

'가난신 계의 스타'로 불리다

이제껏 나름대로 열심히 살아가고자 애써왔다. 그런 나에게 처음으로 스포트라이트가 비춰진 것이 '가난신 계의 스타'라는 비웃음 섞인 호칭이었다.

하지만 자포자기 심정으로 '세상에서 가장 불행해질 테다!'라고 외친 것은 어떤 의미에서는 성공한 것인지도 몰랐다. 절망적인 현실을 목전에 두고 나는 가난신 계의 스타답게 태도를 바꿔서 가난신의 가르침에 귀를 기울이기로 했다.

"가난신 선생님, 가장 빨리 불행해지려면 제가 무엇을 하면 좋을까요?"

"아, 뭐라고 하셨지요? 지금까지 제가 선생이라고 불린 적은 한 번도 없었습니다요. 유카 씨, 당신은 어쩌면 그렇게 훌륭하신지요. 당신 같은 늦깎이 수재를 행복하게 만들어버리는 것은 정말

아까운 일일 겁니다. 이제부터 제가 말하는 것을 철저히 지키시면 됩니다."

의도한 것은 아니겠으나 훌륭한 사람이라는 칭찬을 들어본 적이 없었기 때문에 왠지 모르게 기쁜 마음도 들었다.

"그러면 먼저, 당신이 이미 잘 지키고 있는 것부터 점검해볼까요?"

가난신은 그렇게 말하며 나를 현관으로 데리고 갔다.

"자, 보세요. 이 현관은 정말 완벽합니다. 우선 행운이 스며들지 못하도록 철벽 방어를 하고 있다고 말할 수 있습니다. 현관에 마구 흩어져 있는 신발은 물론이거니와, 마구 구겨 넣어서 산더미처럼 쌓인 이 비좁아 터진 신발장. 게다가 상쾌한 공기가 들어와야 할 현관이 습기로 가득해서 곰팡이가 생긴 신발이 이렇게 많다니, 이것만으로도 가히 예술의 경지입니다요. 오감 중에서 뇌에 가장 많은 영향을 미치는 감각이 바로 시각입니다. 당신의 현관은 시각적으로 가장 불행을 느끼게 해주는 상태입죠. 저도 이 현관은 가장 좋아하는 환경이니 계속해서 이대로 유지할 수 있도록 해주십시오."

지금의 모습이 너무나 당연해서 느끼지 못했는데 가난신에게 듣고 보니 이 상태가 새삼스레 예사롭지 않다는 것을 깨달았다.

"가난신 선생님, 고마워요. 아주 알기 쉽게 설명해주셔서…. 그

외에도 현관처럼 그대로 유지해야 할 곳이 또 있나요?"

"있고말고요. 자, 다음 장소로 이동해볼까요?"

이 또한 의도한 것은 아니겠으나 기쁜 마음에 들떠서 안내하는 가난신의 눈은 한층 빛을 더해가는 것처럼 느껴졌다. 가난신이 다음으로 안내한 곳은 나의 방이었다.

"자, 유카 씨의 방을 봐주세요. 발 디딜 틈 없이 꽉 찬 이곳을요! 한 발 디디면 산사태가 날 것처럼 마구 쌓아둔 물건들의 향연을! 이 산더미 같은 물건들로 인해서 창문이 가려져 환기도 되지 않는 상태도 역시 훌륭합니다. 당신의 집은 기본적으로 창을 열 수 있는 공간이 부족해서 공기의 순환이 어렵기 때문에 음기를 집안에 머무르게 하는 데에 성공했습니다. 또 벌써 알아차리셨겠지만 공기의 순환이 없이 습기나 먼지투성이여서 범상치 않은 요상한 냄새가 퍼진 점도 역시 대단합니다. 후각은 오감 중에 두 번째로 영향력이 있는 기관입죠. 이렇게 감각만으로도 불행을 충분히 맛볼 수 있게 만들어낸 자신을 마음껏 칭찬해주십시오."

그러고 보니 예전에 친구들이 집에 왔을 때도 냄새가 난다며 불쾌감을 토로한 적이 있긴 했는데….

"아, 알려드릴 것 중에 한 가지 잊은 것이 있는데, 환기는 행복을 불러들이는 아주 위험한 행위입니다. 창은 이대로 절대 열지 않도록 하고 환풍기도 되도록 돌리지 마십시오. 그리고 당신의 구

제불능 남편에게도 주의가 필요합니다."

"그건 또 무슨 말이죠?"

내가 남편을 욕하는 것은 괜찮지만 가난신의 말을 들으니 욱하고 화가 치밀었다.

"당신의 구제불능 남편은 아주 위험한 사람입니다. 이번에 행운신이 집에 들어온 것도 따지고 보면 그 구제불능 남편, 히로키 씨의 책임입니다. 남편이 2층 창문을 열고 환기를 시켰기 때문에 그 틈으로 행운신이 들어와 버린 것이지요. 게다가 행운신이 엄청나게 좋아하는 뱃코아메를 가지고 있었다니…, 아주 최악입니

다요. 행운신은 노는 것을 좋아하는데 당신의 골칫거리 남편이 쓸데없이 노는 것을 좋아하니 그 점이 행복을 불러들이는 가장 위험한 천적인 셈이지요. 구제불능 남편이 돌아오면 평소 이상으로 온 힘을 다해 욕을 퍼부어주세요. 장난기 많은 마음의 싹을 싹둑 잘라버려야 합니다. '그러니 당신은 언제나 안 되는 거야!'라고 쐐기를 박아버리는 겁니다. 인간은 사랑하는 사람에게서 인정받지 못하는 일이 가장 상처가 되는 법이니까요. 지금까지 해온 것 이상으로 부정적으로 대해주면, 지금보다 더 돈도 못 벌어 올 것이고, 그러면 점점 가난해질 테니… 히히힛."

가난신의 말을 듣고 나는 충격에 빠졌다. 왜냐하면 지금의 불행한 상황을 만들어낸 원흉은 돈을 못 벌어온 남편이라고 생각하고 있었기 때문이었다. 하지만 그 불행의 원천이라고 생각했던 남편이 행운신을 불러들였다니….

그 사실을 깨달은 나는 그를 조금은 다시 생각해보기로 했다. 그리고 언제나 남편에게 윽박지르던 나 자신에게도 불행을 끌어모은 원인이 있었을지 모른다고 처음으로 조금 반성하게 되었다.

"가난신 선생님, 고…고마워요. 또 주의해야 할 것이 있는지."

"물론입죠. 많고 많지요. 오늘은 이제 하나만 더! 아주 중요한 포인트를 설명해드리겠습니다요."

가난신은 거실로 향했다.

"자, 거실을 봐주세요. 식탁 위에 물건이 쌓여서 느긋하게 식사를 할 수 있는 여유조차 없습니다. 불행의 기본 법칙에는 '사람들과의 관계가 깊지 않다'는 부분도 있습니다. 남편과의 식사조차 쉽지 않은 이 거실. 그리고 당신의 집 전체에 해당하는 것이지만, 꼼짝을 할 수 없는 장소가 계속 늘어가면서 기력을 점점 잃게 만들어갈 겁니다요. 그렇게 되면 자신의 좁은 가치관으로만 생각하고 타인과의 관계도 점점 피하게 되어 외부와의 연결을 끊는 고립 상태가 만들어지겠지요. 풍족함은 타인과의 관계에서 만들어진다는 말도 있듯이 주의가 필요합니다. 전에 이 집에 왔던 당신의 친구들도 '이제 이 집에 다시는 오고 싶지 않아!'라고 생각하고 있겠지요. 그런 흐름대로 다른 사람들과의 관계가 점점 줄어가는 상태를 유지해주세요. 당신은 나와 엮이는 것으로 만사형통이니까요. 히히힛."

가난신의 말이 폐부를 꾹꾹 찔러왔다. 나는 '당신들이 내 마음을 알 리가 없지!'라는 마음으로 늘 벽을 치고 살아왔기 때문이다.

순수하게 친절함을 베푸는 이들에게도 '반드시 뭔가 다른 뜻이 있을 거야'라면서 의심의 눈초리를 거두지 않은 경우가 많았다.

"고, 고마워요. 왠지 아주 중요한 점을 알려준 것 같은 기분이 들어요…."

"아니, 감사할 필요까지는 없습니다요. 저의 가르침으로 당신

이 지금보다 더 불행해지는 데에 도움이 된다면 그것으로 만족하니까요. 그러면 오늘 수업은 여기서 마칠까 합니다.”

가난신은 그렇게 말하며 나의 방으로 향했다. 뒤를 따라가 보니 물건으로 가득한 내 방의 벽장 안으로 들어가는 것이었다. 그러고 보니 저 벽장은 몇 년 동안이나 열어본 기억이 없다.

‘저곳에 살고 있었구나….’

가난신이 내 방 벽장에서 살고 있었다 생각하니 나도 모르게 한숨이 새어 나왔다.

| 공간심리상담가의 해설 |

가난신이 좋아하는 집의 세 가지 특징

당신은 행복을 의식한 나머지 불행해진 느낌이 든 적은 없습니까? 사실은 행복한 이상을 그리면 그릴수록 '그것을 실현할 수 없는 자신'을 느끼기 쉬워집니다. 즉, 머릿속으로는 행복을 목표로 하는 듯해도 항상 의식은 불행에 초점이 맞춰져 있다는 말입니다. 사람은 무의식중에 욕구의 반대편을 의식하게 됩니다. 그래서 여러분이 아무리 '부자가 되고 싶다'고 염원해도 동시에 '돈이 없다는 불안과 공포'를 의식하게 되고, 그런 날들을 계속 보내게 됩니다.

그렇게 행복하기를 바라면서 불안과 두려움에 빠져 생활하다 보면 모든 일이 제대로 이뤄질 수가 없습니다. 지금의 현실을 바꾸기 위해 먼저 씨름해야 할 것은 의식의 방향성을 수정하는 일입니다. 욕구를 채우기 위한 열쇠는 항상 여러분이 욕망하는 것 반대쪽에 있습니다.

그 점을 더욱 잘 이해하기 위해 먼저 가난신의 '불행해지기 위한 가르침'을 정리해봅시다. 앞선 얘기에서 불행해지기 위한 세 가지 포인트를 살펴볼 수 있습니다.

① 시각적으로 불행을 느끼기 쉬운 상태를 유지할 것

인간은 시각적인 이미지를 강하게 받아들이는 성질이 있습니다. '배우다'의 뜻에는 '본받아 따르다'는 의미도 있는 것처럼, 인간은 따라 하면서 성장하는 존재입니다.

유카 씨는 이제까지 굉장히 많은 자기계발 세미나를 다녔지만 제대로 활용하지 못했습니다.

밖에서 아무리 좋은 얘기들을 듣고 배워도, 집에 돌아오면 엉망인 집을 보며 시각적인 이미지가 우선적으로 작동해 항상 '나는 불행한 상태로 지내고 있다'고 의식해왔던 것입니다.

따라서 여러분이 행복해지기 위해서는 시각적으로 행복을 느끼기 쉬운 환경을 만들어야 합니다. 집을 치우는 일도 '완벽하게 해야지'라는 생각보다는, 시각적으로 행복한 느낌이 드는 환경을 만들자는 정도로 바꾸는 것이 좋겠지요.

그러기 위해서는 처음부터 행복해지는 것을 목표로 하지 말고, 불행을 피하는 것에 의식을 집중해봅니다.

'이 상황은 아무리 생각해도 불행해질 수밖에 없어'라고 시각적으로 느끼는 상황이라면, 그 상황을 반전시켜 행복을 느낄 수 있는 상태로 바꿔 갑니다. 그렇게 '불행한 이미지'를 '행복한 이미지'로 바꿔 가는 작업을 차근히 해보세요.
연습 삼아 다음 질문에 답을 해보시기 바랍니다.

Ⓠ 당신의 집에서 불행한 인상을 받게 되는 장소는 어디입니까?
Ⓠ 어떻게 하면 그곳이 행복한 인상으로 바뀔 수 있을까요?

② 후각적으로 불행을 느끼기 쉬운 상태를 유지할 것

시각 다음으로 민감한 것이 후각입니다. 집이 깨끗해지면 '아로마 향이라도 피울까'라는 생각은 해도, 집을 깨끗이 하기 위해 냄새를 활용하자는 사람은 별로 없을 것입니다. 하지만 후각적인 부분으로 접근해가면 정리에 동기를 부여할 수 있습니다.
예를 들어 음식을 상상해봅시다. 어느 날 맛있는 것을 먹으러 가자고 맘 먹어도 결정하기가 그다지 쉽지 않습니다. 하지만 상점가를 걷다가 '어디선가 맛있는 냄새가 나네…' 하면서 냄새에 이끌려 식당을 찾아 들어간 경험은 적지 않을 것입니다. 냄새로 맛있다고 판단하면 자연스럽게 그에 따른 행동이 일어나게 됩니다. 또 냄새로 맛있다고 생각한 음식은 실제로 먹어보면 정말 맛이 있습니다.
여기서 말하고자 하는 요점은, 인간은 본능적으로 '후각으로 느끼는 정보는 지

극히 타당하다'고 인식한다는 점입니다. 인간은 불쾌한 냄새가 나면 순간적으로 나쁜 인상을 받습니다. 반대로 향긋한 냄새를 맡으면 좋은 인상만 떠올립니다.
더욱이 '향긋한 냄새가 나는데 집이 지저분하네. 이상하다'라고 느끼는 상황이 되면, 뇌는 눈앞의 모순된 상황을 수정하려고 합니다. 즉, 자연스럽게 좋은 냄새에 어울리는 환경을 만들고 싶어진다는 것입니다.
여러분이 행복한 이미지를 연상할 수 있는 냄새를 한번 떠올려 보시기 바랍니다.

③ 타인과의 관계를 줄여가는 환경을 유지할 것

가난신이 몸을 숨기고 벽장에 사는 것처럼, 인간에게 불행을 상징하는 요소 중 하나가 '타인과의 관계가 줄어간다'는 것입니다.
인간관계의 고민을 풀어가다 보면 대부분 소통의 부재에 관한 것임을 알 수 있습니다.
사람은 자신의 껍데기에 갇혀 버리면 아무리 애써도 부정적인 상상만 하게 됩니

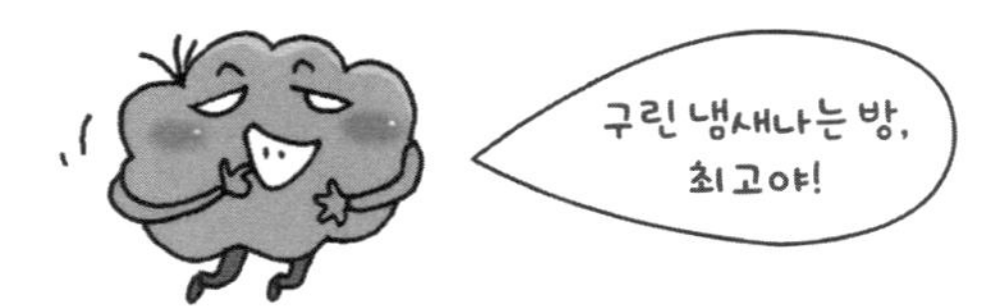

다. 그런 상태가 계속되면 인생이나 타인과의 관계에 대해서도 부정적인 생각이 강하게 자리 잡아 버립니다.

수습하지 못할 정도로 집에 물건이 많은 상태도 각각의 물건과의 관계에 문제가 있다고 말할 수 있습니다.

'가지고는 있지만 쓸 일이 없다'

'샀지만 벽장에 처박아 둘 뿐'

이러한 물건과 나와의 관계성은, 얕은 인간관계만 유지할 뿐 진심을 얘기하는 깊은 인간관계를 만들지 못하는 소통 방식이 엿보이는 단면이기도 합니다.

물건이 넘쳐나는 환경에서 지낸다는 것은 동시에 하나하나의 물건과의 관계성이 희박한 상태라는 것을 의미합니다. 반대로 하나하나의 물건을 소중하게 취급한다면 그렇게 많은 물건을 가질 수는 없는 것입니다.

돈은 신용의 상징이라고 하지만 신용은 하루아침에 생겨나는 것이 아니라 매일의 삶의 방식에 의해 형성되는 것입니다. 모든 일에서도 관계성이 희박해지는 것은 동시에 신용이 줄어가는 것을 의미합니다.

이러한 생각을 바탕으로 물건을 버리는 것에 집착할 것이 아니라 **'물건과의 관계를 재점검'** 하는 방식으로 방에 있는 물건들을 둘러봅시다.

물건이 차고 넘치는 집

가난신이 벽장으로 돌아간 것을 확인한 나는 먼저 머릿속을 정리했다.

'음, 그러니까…. 불행해지기 위해서는 시각적, 후각적으로 불행을 느끼기 쉬운 상태를 유지해서 타인과의 소통이 줄어드는 집으로 만든다. 그거였던가?'

불행해지기 위한 요건을 간추린 후에 나는 그 반대를 생각해보았다.

'우선은 시각적으로 행복을 느끼기 쉬운 것부터 생각해볼까? 그나저나 현관에 있는 곰팡이 핀 신발은 내가 생각해도 좀 너무했어…. 봉지에 담아서 빨리 버리자. 아, 환기도 좀 해야겠어.'

현관문을 열고 환기를 하면서 필요 없어 보이는 신발을 처분할 목적으로 정리를 시작했다.

'이걸 언제 다 할까 싶었지만 막상 해보니 생각보다 빨리하겠는데!'

작업은 겨우 15분 정도로 끝이 났다. 의외로 순식간에 지나간 시간이었다. 일을 조금 해보다가 의욕이 붙은 나는 내 방까지 눈길을 돌리게 되었다.

'물건이 가득 차서 여기는 좀 어렵겠어. 내가 생각해도 참 많이도 주워 모았네. 이 방을 보고 행복을 느낄 수는 없겠어….'

새삼스레 내 방을 둘러보니 앉을 곳이 없을 만큼 물건이 가득했다. 그 가운데서 특별히 눈에 뜨인 것은 산더미같이 쌓인 책이었다. 책장에 꽂지 못한 책이 바닥 여기저기에 흩어져 있었다.

'이 책들, 어디에라도 처분하고 싶은데…. 버릴 순 없잖아….'

그렇게 아무것도 하지 못하고 어찌할 바를 모르고 있던 나는 책더미를 바라보다가 한 권의 책에 시선이 머물렀다.

'아, 이거, 생각났어! 역시 지금 봐도 좋네.'

내가 손에 든 책은 3년쯤 전에 구입한 사진집이었다. 장엄하게 펼쳐진 대자연을 주제로 한, 내가 매우 좋아하는 작가의 것이다.

'그러고 보니 여기에 가보고 싶다고 생각했었지.'

돌이켜보니 나는 자연 풍경을 찍은 사진집을 보고 관심이 가는 장소를 여행하는 취미가 있었다. 하지만 최근 몇 년간 일과 공부에 쫓겨서 취미생활을 온전히 만끽할 시간이 없었음을 깨달았다.

다음 순간, 나는 가난신의 말을 떠올렸다.

'히로키는 쓸데없이 노는 것만 좋아하니 그 점이 행복을 불러들이는 가장 위험한 천적이라고 가난신이 말했지. 요즘의 나, 놀아보려는 마음이 전혀 생기지 않았던 것 같아…. 그래, 한번 찾아보자!'

오랜만에 나의 취미를 떠올리고 의욕이 솟구쳐서 내 방에 어질러진 책에서 사진집만을 찾아보기로 했다.

책장에 꽉꽉 채워진 책 이외에도 바닥에 어질러진 책도 있었다. 그리고 책 이외의 물건도 넘쳐나서 아마도 그 안에 파묻혀 있는 책도 있을 것이다.

'아무래도 좀 힘들겠네. 그냥 보물찾기하는 셈 치고 해볼까!'

파묻혀 있는 산더미 속에서 사진집만을 찾아냈다.

'휴우, 겨우 끝났다. 막상 해보니 생각보다 빠르네. 실질적으로 걸린 시간은 30분 정도잖아….'

한바탕 책을 모아보니 300권에 이르렀고, 그 책 중에서 취미생활에 도움을 준 사진집은 겨우 13권밖에 되지 않음을 알게 됐다.

사진집 이외는 대부분이 자기계발이나 성공철학, 투자, 부자가 되는 법 등으로 놀고자 하는 마음을 북돋워 주지 않는 책들뿐이었으니. 나는 이것이 내가 가진 책들의 대부분이라는 것을 깨달았다.

'아까워서 버리지 못했지만 이제는 필요 없는지도 몰라. 헌책방에 전부 처분해야겠어.'

마음을 먹었으면 당장 실행하라는 말이 있다. 나는 곧장 인터넷으로 책을 처분할 헌책방을 검색하기 시작했다. 그러자 내가 들고 가지 않아도 집까지 책을 가지러 와준다는 업자가 있었다.

'종이상자에 담아두기만 해도 가져간다니 생각보다 편리하네. 시작한 김에 사진집만 빼고 과감하게 처분해버리자!'

불행 중 다행이랄까, 내 방에는 빈 종이상자가 엄청나게 많았다. 인터넷 쇼핑몰에서 충동구매로 구입한 상품의 상자를 정리하지 않고 그대로 방치해둔 결과였다. 빈 상자도 치우고 책도 정리하니 일석이조였다.

결심을 하고 나서 13권의 사진집만을 남기고 그 외의 책을 망설임 없이 종이상자에 담았다.

'일일이 고르지 않고 그저 담기만 하는 작업은 생각보다 편한데!'

책이 줄어듦과 동시에 공간이 늘어갔다. 바라보고 있자니 오랜만에 '정리'를 하고 있다는 실감이 났다. 작업은 생각 외로 착착 진행되어 마침내 1시간도 지나지 않아 종이상자가 가득 찼다.

'우와, 책을 쓸어 담기만 해도 방이 이렇게 넓어지다니! 왠지 뿌듯해!'

책을 정리하고 작은 성취감을 느낀 나는 휴식 시간을 갖고 한숨 돌리기로 했다.

'거실에서 홍차라도 마시면서 쉴까 했더니 식탁 위에 물건이 산더미잖아!'

생각하니 홍차를 집에서 마시는 것도 오랜만의 일이고, 요즘에는 거실에서 밥을 먹거나 느긋하게 지내거나 한 적이 거의 없었다. 남편인 히로키도 귀가 시간이 언제나 늦어서 밖에서 먹고 오든지, 집에서 먹더라도 간단한 도시락을 사 와서 혼자 먹는 날이 많았다.

'어쨌든 거실 식탁에 있는 물건만 치워둘까….'

지금부터 치우자니 조금 귀찮았지만, 조금 전 아무 생각도 하지 않고 그저 책을 종이상자에 담은 것과 마찬가지의 요령으로 식탁 위 물건을 종이상자에 담아 일단 방 옆에 임시로 옮겨두었다.

'식탁 위가 깨끗해지니 기분이 좋은데. 이런 상태로 느긋하게 홍차를 마시다니, 몇 년 만의 일인가…. 이제껏 밖에서만 바쁘게 지내왔는데 이렇게 집에서 느긋하게 보내는 것도 긴장이 풀리니 기분이 좋군. 뭐, 굳이 바란다면 여기에 함께 먹을 디저트만 있다면 최고가 아닌가.'

그렇게 생각하며 쉬고 있는데 현관에서 소리가 들렸다.

"다녀왔어."

히로키가 일을 마치고 돌아왔다. 정리를 한다고 정신이 팔려 생각지도 못했는데 벌써 퇴근 시간이 된 것이다. 그는 거실에 들어오면서 흥분된 목소리로 말했다.

"현관이 깨끗해졌네?!"

"어? 어…."

"오늘은 여러 가지 일에 피곤해서 기분 전환하려고 케이크 사 왔는데…. 어? 식탁도 싹 치웠잖아! … 여기서 같이 먹을까?"

남편의 이런 밝은 표정을 본 것이 얼마만의 일인가. 언제나 서로 피곤함에 지친 모습으로 돌아와 대화를 나누는 일도 없이 잠자리에 들곤 했고, 그러한 매일의 연속이었다.

"응, 같이 먹자. 마침 케이크가 먹고 싶었는데…. 고마워."

히로키의 멋진 배려가 솔직히 기뻤다. 절약하는 생활을 해서인지 언제나 천 원도 아껴 쓰는 남편이어서 더욱 그랬다.

"고맙다는 말 들은 거, 오랜만이네…. 케이크를 사면서도 당신이 또 화를 내면 어쩌나 걱정했어. 오늘은 왠지 좀 분위기가 다른데."

그의 대답을 들으니 움찔했다. 그러고 보니 예전에도 케이크를 사 오거나 자그마한 선물을 가지고 집에 온 일이 있었다.

하지만 생활비를 걱정해서 언제나 "뭣 하러 이런 걸 쓸데없이 사 왔어?", "바보같이 돈만 아깝게!"라면서 나는 히로키의 배려를 모조리 짓밟았다.

"사랑하는 사람에게서 인정받지 못하는 것이 가장 큰 상처가 되는 법이니까요."

가난신의 불행을 위한 가르침이 내 머릿속을 휩쓸고 지나갔다. 그때….

"우와! 여기 깨끗해졌네! 기분 좋아라!"

현관에서 행운신의 목소리가 들려왔다. 나도 모르게 벌떡 일어나 현관으로 달려갔다. 하지만 그곳에는 아무도 없었다. 뒤따라온 히로키가 물었다.

"갑자기 현관에는 왜? 무슨 일이야?"

"아니…. 여기에서 무슨 소리가 난 것 같아서."

"뭐? 아무 소리도 안 들렸는데. 오늘 너무 열심히 청소해서 피곤한 거 아냐? 그건 그렇고 깨끗한 집 덕분에 기분이 정말 좋아졌어. 내일부터 더 힘내야겠다는 생각이 드네. 고마워. 오늘은 좀 편히 쉬어."

케이크를 먹어 기분이 좋아진 탓인지 히로키의 이러한 말에 감동해 눈물이 쏟아지려고 했다.

그리고 그 순간, 나는 확실히 작은 행복을 느끼고 있었다.

2장.
세상에서 가장 불행해지는 가난신의 가르침

가난신 선생의 '불행해지는 사고방식' 강좌

가난신이 벽장에 들어앉은 지 사흘이 지났지만 그날 이후로 가난신은 내 앞에 나타나지 않았다. 그동안 헌책방 업자가 와서 종이 상자를 가져갔기 때문에 조금은 물건이 줄어서 방이 깔끔해졌다. 다만 아직은 집에 살림살이가 가득해서 행복을 느낄 상황은 아니었다.

하지만 가난신의 가르침을 반대로 행한 결과, 뭔가 바뀌어가고 있음을 실감했다.

"이런, 어쩐지 물건이 줄어든 것 같은데요?"

뒤에서 불쑥 목소리가 들려와 돌아보니 가난신이 서 있었다.

"아, 가난신 선생님. 계셨군요. 며칠 동안 보이지 않아서 어디에 가셨나 걱정하고 있었어요."

인기척도 없이 나타난 가난신에게 순간적으로 마음에도 없는 소리를 늘어놓았다.

"걱정하지 마십시오. 저는 원래 잘 움직이지 않는 것이 특징이어서 벽장 안에 한 번 들어가면 3일은 쉬어야 합니다요. 이것도 불행해지는 덕목의 기본 중의 기본입니다. '움직이지 않는다. 아무것도 하지 않는다.' 이것이면 됩니다. 당신도 그러는 게 편하지 않습니까? 음…, 그건 그렇고 뭔가 조금 정리가 된 느낌인데, 이러면 안 됩니다요. 당장 물건을 늘리지 않으면 곤란합니다. 이러면 불행이 멀어져 버린다고요."

불행이 멀어진다. 기뻐해야 할 일이다. 역시 가난신의 말과 반대로 하면 인생을 호전시킬 수 있을지도 모른다.

속으로 기뻐하며 나는 가난신에게 불행해지는 방법을 조금 더 캐묻기 시작했다.

"가난신 선생님, 알겠어요. 물건을 좀 더 모아볼게요. 그럼 오늘도 불행해지는 다른 방법을 가르쳐주실 거죠?"

"안 됩니다. 먼저 물건을 더 늘리고 나서 해야지요. 알려드리는 것을 하나하나 지켜나가지 않으면 다음 것은 가르쳐드릴 수가 없습니다."

시작은 좋았는데 갑자기 벽에 가로막혔다. 가난신의 가르침을 반대로 하는 것은 아무래도 가난신의 가르침을 거역하는 것이 된다.

"왜 그렇게 고개를 숙이고 어두운 표정을 짓고 있습니까요? 어

려운 일이라고는 아무것도 말한 적이 없는뎁쇼. 지금까지 당신이 늘 해왔던 대로 하면 그것으로 좋으니까요. 정리를 하다니 애초에 당신답지 않은 일인걸요. 지금까지 해왔던 대로 하고 지내면 틀림없이 불행해질 수 있으니 무리하지 않아도 좋습니다요."

그 말을 듣고는 정신이 번쩍 들었다.

"가난신 선생님, 죄송해요. 사실은 걱정되는 것이 있어서…. 가난신 선생님이 나타나기 전에 행운신이 있었죠? 저, 그때는 이대로 행복하게 되나 보다 하고 너무 좋아서 어쩔 줄 몰랐어요. 하지만 눈을 떠보니 제 앞에 가난신이 있었어요. 그때는 일어설 힘도 없을 만

큼 충격을 받은 게 사실이에요. 하지만 마음이 진정되자 가난신 선생님의 가르침대로 따르자고 작정하고 불행해지기 위해 시간을 보냈더니 반대로 어쩐지 마음이 행복해지기 시작했어요."

"그건 안 될 말입죠…. 저와 함께한 것에 그런 맹점이 있었군요. 당신은 정말 훌륭한 사람입니다. 스스로 불행해지려고 하다니. 불행해지고 싶다는 사람이 불행을 위해 행동하는 것은 마음과 현실에 '모순이 생기지 않는' 셈입니다. 인간은 마음과 현실의 상태에 모순이 없을 때 행복감을 맛보게 됩죠. 그 점이 가장 큰 문제인 것이지요. 반대로 현실과 마음의 상태가 모순되는 것은 불행해지는 데에 꼭 필요한 요소입니다. 어허, 이거 정말 곤란한데요…. 인간은 정말 성가신 동물입니다."

가난신의 말을 듣고 나는 어떤 생각이 떠올랐다.

"가난신 선생님, 지금 얘기를 들으니 이해가 되네요. 지금까지의 나는 행복해지고 싶다고 마음속으로 생각하면서도 현실 생활에서는 불행을 느끼기 쉬운 상황이었죠. 그 모순이 마음을 점점 가난하게 만들어주었군요. 하지만 지금은 스스로 불행을 목표로 하고 불행한 현실이 눈앞에 있으니 마음과 현실에 모순이 없어진 셈이어서 반대로 충만함이 가득해져 버렸어요. 그러다 보니 지금의 내가 불행해지고 싶다고 생각하면서 반대로 행복을 느끼는 상황이 된 것을 무의식에서 깨닫고 조금 정리를 한 것이 아닐까요?"

돌아보면 행복해지고 싶다고 생각했던 때에는 언제나 초조함을 느끼며 살았다. 하지만 요 며칠간 그런 느낌이 없어진 것은 마음과 현실에 모순이 없어진 탓은 아닐까.

"맞는 말씀입니다요. 당신이 말한 것은 일리가 있습니다. 그러면 우선 불행을 느끼는 마음을 소중하게 여기도록 하십시오. 다만 제가 사는 벽장에는 절대 손을 대지 말아주세요. 그 주변도 정리해서는 안 됩니다. 만일 그랬다가 제가 더는 이곳에 살 수 없게 될 지도 모르니까요."

벽장을 치우면 가난신은 여기서 살 수 없게 된다? 뜻하지 않게 가난신을 쫓아낼 수 있는 방법을 일찍 알아버렸다.

그러나 나는 이상하게도 그것을 곧바로 실행할 마음은 들지 않았다. 잠시 동안은 이렇게 가난신의 가르침을 듣고 싶다는 생각이 있었기 때문이다.

처음에는 싫었지만 가난신이 가르쳐주는 것을 반대로 하자 지금까지 늘 정체되었던 감각이 조금은 앞으로 나아가는 느낌이다.

무엇보다도 가난신은 나를 '당신은 가장 훌륭하다'고 늘 인정해주었다. 형식적인 말이 아니라 진심으로 나를 그렇게 말해주는 사람은 이제껏 한 명도 없었는지도 모른다.

자기 투자라는 미명 아래 많은 수업과 공부를 했지만 어떤 세미나의 강사보다도 가난신은 나에게 최고의 스승인지도 모른다는 생각이 들었다.

"가난신 선생님, 알겠어요. 벽장과 그 주변은 지금까지 그래왔듯이 선생님이 쾌적하게 지낼 수 있도록 어질러진 대로 두겠습니다."

"감사합니다. 당신은 정말 멋진 사람입니다. 저도 더욱 노력해서 당신을 불행으로 이끌도록 노력하겠습니다요. 그러면 오늘 수업을 시작하도록 할까요?"

힘주어 말은 하지만 왠지 가냘픈 가난신의 모습에 나도 모르게 웃음이 나왔다.

"오늘은 불행해지는 사고의 패턴을 만들기 위한 강의를 하겠습니다요. 이 사고방식을 제대로 몸에 배도록 하면 당신도 제트코스터에 탄 것처럼 저 밑바닥으로 떨어질 수 있습죠. 복습하는 차원에서 조금 전 얘기한 '마음과 현실의 상태에 모순을 만든다'라는 것도 불행해지는 사고방식이므로 잊지 않도록 메모해두세요."

나는 가난신의 말을 받아 적었다. 동시에 곧장 반대로 바꿔보았다. '마음과 현실의 상태에 모순을 만든다'의 반대는 '마음과 현실의 상태를 일치시킨다'는 것이겠지.

"오늘도 다시금 말해두지만 당신은 이미 불행해지기 위한 조건을 많이 갖추고 있어서 지금까지의 상황을 떠올리는 느낌으로 지내 주세요. 제가 전달하는 것은 지금까지의 당신에게 아주 조금

양념을 첨가하는 수준이니까요."

한 손에 메모장을 들고 열심히 듣고 있는 내 모습을 보면서 가난신은 자랑스럽게 말했다.

"그러면 오늘도 세 가지 요점을 정리해볼까 합니다. 불행해지기 위한 사고방식으로 소중히 간직해야 할 첫 번째는 '나에게 득이 되는 것을 생각한다'라는 것입니다. 두 번째는 '항상 올바른 결단을 내린다'는 것이고, 세 번째는 '논리를 따져 행동한다'는 것입니다. 가난해지는 사고의 기본 세 가지 원칙이기도 하니 잊지 말고 밑줄을 긋고 메모해두세요."

① 나에게 득이 되는 것을 생각한다

② 항상 올바른 결단을 내린다

③ 논리를 따져 행동한다

받아 적으면서도 왜 이것이 불행에 이르는 것인지 얼른 이해가 되지 않았다.

"가난신 선생님, 왜 이 세 가지가 불행해지는 길인지 잘 모르겠는데요, 조금 더 자세히 설명해주세요. 나에게 득이 되는 것을 생각한다는 것은 좋은 게 아닌가요?"

"알겠습니다. 자세히 설명해드립죠. 덧붙이면, 이 발상은 원래

당신이 소중히 여겨온 것이라는 걸 알고는 있는지요?"

그야 물론 나는 나에게 이득이 되는 게 무엇인지 늘 생각하고 있었다. 하지만 그것은 불행해지기 위한 것이 아니라 행복해지려는 생각에서였다.

"가난신 선생님, 저는 행복해지기 위해서 내게 이득이 되는 것이 무엇인지 계속 생각했지만 그것이 어째서 불행에 관련되어 있나요?"

"예를 들면 당신은 정가보다 할인된 상품을 샀을 때 이득을 봤다고 생각하지는 않으셨습니까?"

"물론 그랬죠. 이득을 봤다고 생각했어요. 싸게 샀으니까 운이 좋았다고. 그건 불행이 아니라 행복한 일이죠."

가난신의 의도를 알 수 없는 나는 조바심이 났다.

"당신 쪽에서 본다면 말씀하신 대로겠지요. 하지만 상품을 파는 쪽에서 본다면 정가에 팔 것을 이익을 줄여 제공한 것이 됩니다. 즉, 당신이 이득을 취한 만큼 상대는 손해를 본 것이죠. 어떠십니까요?"

사실 그렇다고도 볼 수 있다. 하지만 팔지 못하는 것보다는 나은 셈이 아닌가.

"조금 전 이야기를 떠올려 보세요. 불행해지는 사고의 세 가지 요점을 말하기 전에 '마음과 현실의 상태에 모순을 만든다'는 것

도 불행의 원칙이라고 전해드렸습니다요. 사실은 이 원칙이 이 경우에도 통하는 말입죠. 자신은 이득을 보지만 상대는 손해를 본다. 이런 자신과 상대의 상태에 모순이 발생하는 것이 불행을 불러오는 최대의 포인트입니다. 당신은 인과응보라는 말을 알고 계신지요?"

"선한 일을 하면 보상을 받고 나쁜 짓을 하면 응당 벌을 받는다는 것이잖아요."

"말 그대로입니다. 그러면 자신이 이득을 본다는 것을 이 관점으로 봤을 때, 선한 일을 했다고 말할 수 있습니까?"

그 말을 들으니 나는 아무 대답도 할 수 없었다.

"행복은 선한 행위를 통해서 이뤄지는 것입니다. 그리고 선한 행위란 누군가를 염두에 두어야 성립되는 것입니다. 자신이 이득을 보는 것만 생각하는 것은 독선적인 발상이어서 그것이 고립과 고독을 만드는 계기가 됩니다. 지금의 당신은 확실히 이런 발상으로 살아가고 있으니 불행이 끊임없이 이어지고 있는 것이지요. 그러니까 이대로 계속해서 그 발상을 소중히 간직해주세요. 무슨 일이 있어도 상대를 생각해서 그 사람이 이득을 볼 만한 행동은 절대로 하지 마십시오. 그것이 행복이 계속 이어져 버리는, 어쩌면 위험한 발상이 되니까요."

생각하니 성공철학 세미나에서도 귀가 따갑게 들었던 말이다.

하지만 나는 강의를 듣는 것으로 그쳐 근본적으로 바뀐 것은 아무 것도 없었다는 것을 깨달았다.

나는 '나에게 득이 되는 것을 생각한다'는 가난신의 가르침을 뒤집어서 '상대에게 득이 되는 것을 생각한다'고 적었다.

"그러면 다음 항목으로 넘어가겠습니다요. '항상 올바른 결단을 내린다'는 무슨 뜻인지 이해하셨는지요? 당신은 지금까지 항상 올바른 결단을 내려왔습니까?"

잘못된 결단을 내리면 불행하게 된다고 생각해왔지만, 올바른 결단을 내리는 것이 왜 불행해지는 것인지 이해되지 않았다.

"가난신 선생님, 항상 올바른 결단을 내리면 행복해지는 게 아니던가요?"

"당신은 정말로 그렇게 생각하고 있었습니까? 그러면 반대로 질문을 하나 하지요. 지금의 당신이라는 결과는 어떤 판단의 연쇄적 결과로 생겨난 것이라고 생각합니까?"

그렇게 물으니 뜨끔했다. 들어보니 나는 이제껏 항상 올바른 결단을 내리자고 생각해서 잘 되리라는 바람도 가졌다. 다만 그때그때 최선의 결단을 내릴 생각이었지만 모두 헛돌다가 지금의 결과에 이르렀다.

"아무 대답도 못 한다는 것은 적중했다는 말이겠지요. 항상 올바른 결단을 내린다는 것이 불행으로 이어지는 이유는 올바른 결

단이야말로 후회를 불러일으키는 첫 번째 원인이 되기 때문입니다. 그 후회는 미래로 나아가지 못하게 만드는 족쇄가 되니, 우리는 점점 후회라는 무거운 족쇄를 채우고 살아가야 합니다."

올바른 결단이야말로 후회를 하게 만든다? 확실히 나는 후회하는 일이 많은 것이 사실이다. 그래도 올바른 결단의 전부가 후회로 이어진다는 것은 이해하기 힘들다.

"가난신 선생님, 올바른 결단을 내리는 것이 모두 후회로 직결되는 것은 아니잖아요. 이해가 가질 않는데요."

"알겠습니다. 그러면 조금 더 보충을 해드리겠습니다요. 그 전에 조금 생각해보지요. 올바른 결단이라는 것은 무엇으로 올바른 결단이라고 판단할 수 있습니까?"

새삼스럽게 물으니 대답이 바로 나오지 않았다. 말문이 막힌 나를 보다 못한 가난신이 천천히 말을 하기 시작했다.

"간단한 질문이 의외로 대답하기 힘들지도 모르겠네요. 올바른 결단이라는 것은 '올바른 결과가 나와야' 비로소 올바른 결단이었다고 정의내릴 수 있는 것입니다. 그리고 당신을 포함해 많은 사람들이 올바른 결단이라고 생각하는 것은 결단을 내리는 시점에는 올바른지 아닌지 '모르는' 일입니다. 다시 말해 올바른 결단이라는 것은 나중에 맞이할 결과에 의해 정해지는 것이지요. 여기까지 이해하셨습니까?"

옳다고 생각해서 내린 결단도 나중에 실패하면 잘못된 결단이었다고 말하게 된다는 것이다.

"그런데 당신은 도박을 좋아하나요?"

갑자기 무슨 말을 하는 것인지 조금 당황했다.

"저, 빚은 있어도 도박은 한 번도 해본 적 없고, 내기 같은 것도 엄청 싫어해요!"

도박을 매우 싫어하는 나여서 조금 강한 어조로 내뱉었다.

그러자 가난신은 나를 지긋이 바라보다가 조용히 입을 열었다.

"그러면 당신은 자신이 도박을 하고 있다는 사실을 깨닫지 못했습니까?"

도박을 한 적이 없다는데 왜 이런 질문을 하는 것일까. 전혀 이해할 수 없었다. 선문답 같은 질문에 나의 조바심은 정점을 찍었다.

"도박은 한 적이 없다고 말씀드렸을 텐데요!"

"히히힛! 이거 실례했습니다요. 맘에 안 드는 질문이었겠네요. 제 질문의 의도를 설명해드리겠습니다. 당신이 지금 빚을 지고서 불행을 향한 계단을 순조롭게 내려갈 수 있는 이유는 여기에 있습니다. 당신은 도박 자체는 한 적이 없을지 모르지만, 도박과 똑같은 발상으로 살아가고 있다는 것을요. 올바른 결단을 내린다는 발상 자체가 도박에 빠져서 지는 내기를 계속하고 있는 사람과 같은 발상이기 때문입니다. 사실 당신은 올바른 결단을 내린

다는 착각으로 인생이라는 게임에서 계속 지는 내기를 하다가 지금에 이른 것이 아닙니까?"

나는 이제껏 스스로의 결단으로 나쁜 결과를 얻은 것이 많았다. 그러고 보니 도박에서 연달아 지는 것과 같은 것인지도 모른다.

"올바른 결단을 내리려는 순간에 잘못될 가능성이 동시에 생겨납니다. 이것은 도박에서 이기고자 함과 동시에 질 가능성이 생겨나는 것과 같은 이치이지요. 도박에서 계속 이기는 것이 불가능한 것처럼 인생에서 올바른 결단을 계속 내리는 것도 불가능합니다. 하지만 당신은 기특하게도 그 불가능을 가능으로 만드는 결단을 내리며 살아왔습니다. 앞으로도 그런 생각으로 살아가도록 노력해주십시오. 틀림없이 도박에서 망하는 흐름과 똑같이 수렁에 빠진 인생을 맛보게 될 테니까요. 덧붙여서 여기에도 '마음과 현실의 상태에 모순을 만들라'는 불행의 대원칙이 적용됨을 볼 수 있습니다요. 올바른 결단을 내리려는 것이 옳지 못한 현실을 만들어내는 것처럼요."

가난신의 말을 들으며 마음이 아파왔다. 언제든 그때마다 최선의 선택, 올바른 결단을 내릴 작정이었지만 현실은 모순을 잉태하고 원하지 않는 결과만 만들어내고 말았다. 그 이유가 확실해지고 보니 이제껏 보내온 삶은 무엇이었나 하는 허무함이 밀려왔다.

"어떻습니까? 점점 얼굴색이 나빠지는 걸 보니 제 얘기가 당신

의 마음에 영향을 미친 증거겠군요. 불행에 결정타를 날리는 것은 아주 중요한 일이니 계속해서 당신의 얼굴색이 더욱 나빠지도록 바로 마지막 요점을 전해드리도록 하겠습니다."

커다란 충격에 잊고 있었지만 가난신은 나를 불행으로 이끄는 임무를 가졌다는 것이 떠올랐다. 여기서 낙담하고 있을 여유 따위는 없었다.

나는 메모장을 꺼내서 '항상 올바른 결단을 내린다'는 말을 적었다. 반대로 하면 '항상 잘못된 결단을 내린다'는 것일까?

조금 이해할 수 없는 말이었지만 어쨌거나 생각나는 대로 그 말을 재빨리 쓰고 가난신의 다음 얘기에 귀를 기울였다.

"자, 그러면 마지막 요점을 자세하게 전해드리겠습니다. 불행해지는 사고방식의 마지막 요점은 '논리를 따져 행동한다'입니다. 당신이 가장 자신 있는 것이니 따로 설명할 필요가 없을지도 모르겠습니다요."

나에게서 논리를 빼면 뭐가 남을까. 그만큼 논리와 이치에 맞게 살아왔다는 자신이 있었다.

지금은 인생의 밑바닥을 맛보고 있지만 이래 봬도 학창 시절에는 성적도 우수했고 누구나 선망하는 좋은 대학에 한 번에 합격할 정도로 공부를 잘했다.

"가난신 선생님, 논리를 따지며 행동하는 것이 왜 불행과 직결되는 거죠? 전혀 이해가 되질 않는데요."

"좋은 질문입니다요. 논리를 따지며 행동하는 것이 불행으로 이어지는 것을 논리를 따져서 이해하고 싶다고 생각하는군요. 역시 기대를 저버리지 않는 분입니다요. 그러면 설명을 하기에 앞서 당신의 구제불능 남편에 대해 생각해보기로 하지요. 행운신이 당신의 집에 들어온 것은 그 골칫거리 남편이 창문을 열었기 때문이라고 말씀드렸습니다. 하지만 사실은 그것이 결정적인 원인은 아니었습니다. 당신의 남편이 행운신이 가장 좋아하는 벳코아메를 가지고 있었던 것이 행운신을 집으로 불러들인 첫 번째 원인입니다. 논리적으로 생각하면 당신의 골칫거리 남편은 왜 벳코아메를 가지고 있었던 것일까요?"

히로키가 벳코아메를 가지고 있었던 이유? 논리를 따져 보니 해답은 떠오르지 않았다. 단순히 그 사탕이 신기해서 샀다든지 하는 단순한 이유겠지.

"그가 왜 벳코아메를 샀는지는 안타깝지만 논리를 따져서는 잘 모르겠네요."

"그렇지요. 논리를 따져도 알 수 없다. 하지만 그 논리를 넘어선 행동이 계기가 되어 행복을 가져다주는 행운신을 불러들였습니다. 여기서 불행과 행복의 분기점이 되는 본질이 있습니다."

나의 머릿속은 혼란으로 가득 찼다. 아무래도 이해가 되지 않아

가난신이 말하고자 하는 것이 무엇인지 알 수가 없었다.

"자, 그럼 오늘은 여기서 마치기로 하지요. 가령, 당신이 오늘 배운 것을 명확하게 이해하지 못해도 이제까지의 당신으로 있어만 주면 그것으로 만사형통, 아니 만사불행에 이를 테니 모쪼록 안심하고 계세요."

가난신은 그렇게 말하면서 비실비실 벽장 속으로 다시 들어가 버렸다.

나는 과부하에 걸려 괴로워하면서 '논리를 따져서 행동하라'는 말을 적었다. 반전시켜 생각하니 '논리를 따지지 말고 행동하라'는 것인가. 메모를 마치고 나니 떠오르는 것이 하나 있었다.

"아니, 잘 생각해보니 가난신을 스승으로 따르면서 불행해지는 방법을 배우고 있다니, 논리적 상식적으로 생각하면 아무도 절대 하지 않을 짓이네…."

오늘의 일은 머릿속으로 정리가 되지 않았다. 다만 마지막에 깨달은 것은, 나는 이제껏 아무것도 아닌 무언가를 붙잡고 있었는지도 모른다는 사실이다.

"히로키가 돌아오면 왜 벳코아메를 가지고 있었는지 물어보자."

머릿속이 꽉 찬 나는 홍차를 마시며 한숨 돌리면서 그가 귀가하기를 기다렸다.

| 공간심리상담가의 해설 |

불행한 사람의 사고방식에 관한 정리

유카 씨는 가난신에게서 '불행해지는 사고방식'을 몸에 배도록 하기 위한 강의를 들었습니다. 이렇게 생각하는 방식을 재검토하는 것은 인생을 호전시키는 데 중요한 요소입니다.

이제껏 유카 씨가 나아지지 않는 현실을 계속 반복해야 했던 것도 '일이 잘 풀리는 방법론'에만 집착하고, 자신의 사고방식은 재검토하지 않은 채 살아왔던 것이 가장 중요한 요인이었습니다.

저는 정리하는 문제를 심리적인 각도에서 상담하고 있는데, 직접적으로 정리하는 방법을 지도하지 않아도, 자신의 사고가 잘 정리되면 순식간에 방을 정리하는 사람을 많이 보았습니다.

정리를 못하는 상태가 된다는 것은 사실은 정리하는 기술이 부족한 것이 아니라, 인생을 살아가는 데에 나만의 정리된 사고방식이 없다는 데에 있습니다. 그 결과로 아무것도 정리하지 못하는 상태가 되는 것입니다.

사고방식을 정리하면 다음과 같은 연쇄 작용이 일어납니다.

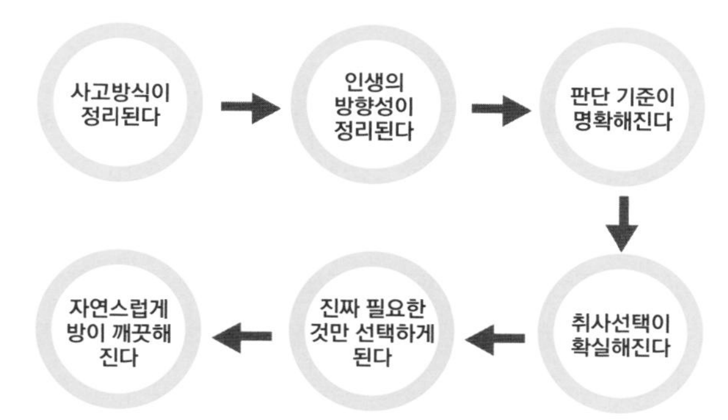

유카 씨는 불행해지는 사람의 사고방식으로 한 가지 원칙과 세 가지의 요점을 배웠습니다.

★ 불행한 사람의 사고방식의 원칙

마음과 현실의 상태에 모순을 만든다

★ 불행한 사람의 사고방식의 세 가지 요점

① 나에게 득이 되는 것을 생각한다

② 항상 올바른 결단을 내린다

③ 논리를 따져 행동한다

★ 불행한 사람의 사고방식의 원칙

마음과 현실의 상태에 모순을 만든다

인간에게는 일정한 상태를 유지하려는 항상성(恒常性)이라는 기능이 있습니다. 이것은 '원래대로 돌아가려는 기능'이라고 바꾸어 말해도 좋을 것입니다.

다시 말해, 정리를 해도 다시 원상복귀되거나 다이어트를 해도 요요현상이 오는 가장 큰 요인도 이 항상성의 기능이 관여하기 때문입니다.

인간이란 본래 생명을 유지하기 위해 급격한 변화를 꺼리기 때문에 항상성을 마련해둡니다. 현재의 자신을 바꾸려 하는 것은 생명 유지의 관점에서 보면 '죽음'을 의미하는 것, 지금까지와 다른 내가 되는 것은 본능적으로는 매우 위험한 행위라고 판단하는 것입니다.

그렇기 때문에 생명 유지가 기본 원칙인 본능은 변화를 거부하고 '이제까지의 나로 돌아가자'면서 생명을 더욱 안전한 방향으로 보호하려고 합니다. 지금까지의 유카 씨가 변화하고 싶다고 하면서도 바꾸지 못하고 지내온 것도 사실은 자연스러운 일이라는 것을 알 수 있습니다.

유카 씨는 가난신을 만나기 전에는 계속해서 자신을 바꿔보려고 했습니다. 하지만 현실은 달라지기는커녕 점점 더 나쁜 방향으로 흘러가게 되었습니다. 이것은 되돌아가려는 작용이 강화되었던 탓입니다.

하지만 가난신과 만나서 불행에 관한 강의를 듣자 오히려 서서히 현실은 더 나은 방향으로 바뀌어가게 됩니다.

그 이유는 불행을 긍정하는 것이 이제까지의 나를 긍정하는 것으로 이어져 결과적으로 '마음과 현실에 모순이 없는' 상태를 만들어냈기 때문입니다. 대부분의 문제는 마음과 현실의 모순에 의해 발생하는 경우가 많습니다.

극단적 예로 당신이 '너는 바보야!'라는 욕을 들었다고 칩시다. 그 말에 당신이 화가 나는 것은 '나는 바보가 아니다!'라고 생각하기 때문입니다. 현실에서는 바보라는 취급을 받았지만 마음속으로는 바보가 아니라고 생각하는 모순이 스트레스와 반발로 이어지게 됩니다.

하지만 당신이 스스로 바보라고 자각하고 있다면 어떻겠습니까? '너는 바보야!' 라는 욕을 들어도 '그래, 나는 바보야. 그래서 어쩌라고?'라는 투로 가볍게 흘려보낼 수도 있을 것입니다. 비슷한 대화에서도 모순이 있나 없나 하는 것으로 스트레스의 정도가 달라집니다.

불행한 사람의 사고방식 중에 '마음과 현실의 상태에 모순을 만든다'라는 것은 불행의 원칙입니다. 각도를 달리해서 해석하면 '항상 스트레스를 받게 하는 것'이 불행의 원칙이라고 할 수 있습니다.

그 점을 근거로 해서 세 가지 요점에 대해 살펴보기로 하겠습니다.

★ 불행한 사람의 세 가지 사고방식

① 나에게 득이 되는 것을 생각한다

장사를 하는 사람들 사이에서 '밑지고 나서 더 큰 이득을 취하라'는 말이 있습니다. 한편으로 생각하면 손해를 볼 것 같은 상황이지만 나중에 더 큰 이익을 취할 수 있는 예는 얼마든지 있습니다. 반대로 자신이 이득을 볼 작정으로 행동한 결과, 나중에 막심한 손해를 입는 사례도 너무나 많이 보아왔습니다.
'정리의 심리'라는 관점에서 행복한 삶의 방식으로 사는 사람과 그렇지 않은 사람의 명확한 사고방식의 차이를 알아보겠습니다.

방에 물건이 차고 넘쳐서 생활도 제대로 하지 못하는 사람들에게서 나타나는 특징 중 하나는 '이득을 우선으로 생각한다'는 발상으로 의사결정을 한다는 것입니다. 즉 이득 볼 일을 찾고 있다는 것이지요.
반대로 물심양면이 모두 행복한 삶의 방식으로 사는 사람들은 '불필요한 손실을 없앤다'는 발상으로 의사결정을 하는 사람이 많습니다.
돈을 사용하는 방식에서도 방이 정리되지 않고 돈도 궁핍한 사람은 일확천금을 벌어들이려고는 하지만 작은 돈은 무의식적으로 낭비하는 습관을 지닌 경향이 있습니다.(ex. 필요하지 않은 물건도 세일을 하면 많이 사둔다.) 반대로 경제적으로 풍족한 사람들은 그러한 작은 손실을 간과하지 않고 정확하게 돈의 향방을 의식하고 있습니다.

가난신도 얘기하고 있지만 자신의 이득을 우선 생각한다는 것은 독선적인 발상에 빠지기 쉽습니다. 그래서 가난신의 가르침을 반면교사로 삼고 더욱 풍요로운 마음을 형성할 수 있도록 다음 두 가지 질문에 답해보기 바랍니다.

Ⓠ 일상생활 중에 어떠한 손실이 있다고 생각하십니까?

예) ATM기에서 입출금을 해서 쓸데없이 수수료를 내고 있다.

속으로는 가기 싫은 술자리에 마지못해 돈을 쓰고 있다.

Ⓠ 가까운 사람을 기쁘게 해주려면 무엇을 할 수 있습니까?

예) 가족이 집에 돌아오면 '오늘도 수고했어요'라고 위로해준다.

마주 보고 웃으면서 상대방의 말을 잘 들어준다.

② 항상 올바른 결단을 내린다

올바른 결단을 내리자, 그리고 항상 바르게 살자는 결심이 마음속에 부자유함을 만들어 '~하지 않으면 안 된다는 사고방식'에 집착하는 요인이 되는 것입니다.

올바르지 않으면 안 된다, 실패해서는 안 된다, 틀려서는 안 된다…. 그렇게 '하지 않으면 안 되는 것'들이 늘어갈수록 마음은 점점 답답해져서 어떠한 발상도 떠오르지 않는 빈곤한 사람이 되기 쉽습니다.

그리고 무엇보다도 자신을 책망하거나 인정하지 않는 과정을 반복하게 됩니다.

유카 씨는 이번 대화를 통해서 가난신을 쫓아내는 방법을 알았지만 그것을 실행하지 않았습니다. 가난신이 유카 씨를 항상 인정해주었기 때문입니다.

유카 씨의 행동은 틀림없이 올바르지 않은 결단이라고 볼 수 있겠죠. 불행의 원흉인 가난신을 내쫓으면 집에는 행운신만 남게 되고, 점점 행복함이 충만해질 가능성이 높기 때문입니다.

하지만 이번에 유카 씨의 결단은 '스스로 그렇게 하고 싶어서 내린 순수한 결단'이라고도 할 수 있습니다. 미래에 벌어질 어떤 결과를 생각해서 내린 결단이 아니라 자신의 솔직한 마음으로 결정한 것. 이것이 인생을 좋은 방향으로 이끄는 중요한 열쇠인 것입니다.

저는 정리를 못하는 사람들의 심리를 계속 연구하고 있는데, 집에 물건이 가득한 사람, 정리를 못하는 사람, 경제적으로 곤궁한 사람들에게는 공통된 특징이 있습니다. 바로 '나의 마음에 솔직하지 못하다'는 것입니다.

나의 본심을 적당히 뭉개 버리고 가족과 이웃, 또는 주변의 평판에 따르면서 자신이 진심으로 바라는 것이 아닌, 외부의 평가를 기준 삼아 결단을 내리려고 합니다. 그런 사람일수록 집이 점점 엉망이 되어가는 경우가 적지 않다는 사실을 알아야 합니다.

나의 마음에 솔직해지는 것만으로도 아주 풍요로운 상태가 될 수 있습니다.

나의 마음을 진심으로 느끼기 위해서 다음의 질문에 솔직하게 대답해보세요.

Ⓠ **당신이 평소에 진심으로 하고 싶은 것은 무엇입니까?**

예) 주변 눈치 보지 않고 하고 싶은 말을 다 하고 싶다.

직장을 쉬고 느긋하게 여행을 떠나고 싶다.

③ 논리를 따져 행동한다

논리를 따져 행동에 옮기는 것은 반대로 논리로 납득할 수 없는 것은 행동하지 않는다는 것. 하지만 논리라는 것은 자신의 경험과 지식에 따른 '과거의 자료를 근거로 내린 판단'인 경우가 대부분입니다.

즉, 논리를 따져 행동한다는 것은 과거에 가졌던 자신의 좁은 가치관의 틀 속에서 계속 판단하고 행동하기 쉽다는 것입니다.

과거의 내가 기준이 되어 행동한다면 과거와 똑같은 결과만 만들어질 뿐입니다.

지금보다 더욱 나은 미래로 나아가고 싶다면 과거에 가졌던 가치관의 틀 안에서 판단하거나 행동하는 것이 아니라, 바라는 미래에 기준을 두고 판단하고 행동하는 것이 중요합니다.

유카 씨는 책의 서두에서 "저도 했으니 여러분도 안 될 리가 없습니다!"라는 여성 기업가의 말에 감명을 받았습니다. 하지만 '그녀처럼 되고 싶다!'라고 바라면서도 현실을 바꾸지는 못했습니다.

유카 씨는 과거의 사고방식을 기준으로 행동했기 때문에 과거의 나와 달라지지 않는 결과가 만들어진 것입니다.

유카 씨는 가난신의 가르침을 반대로 실천하면서 이제까지 가졌던 가치관의 틀을 넘어서 행동하게 되었습니다. 이것은 논리를 넘어선 영역으로 한 발 내딛는 결과를 낳았습니다. 논리만 가지고는 행동에 제약만 늘어 사람을 움직일 수 없습니다. '이동(理動)'이라는 말은 없는 것처럼, 인간은 느끼고 행동하는 '감동(感動)'의 동물이기 때문입니다. 그렇게 느끼고 움직여서 결과를 맛보는 감동의 연쇄 작용이 행복과 풍요로움의 순환을 만들어내게 됩니다.
논리가 아니라 느끼고 움직이는 자신이 되기 위해 다음의 세 가지 질문에 대한 답을 생각해봅시다.

Ⓠ 당신은 어떤 느낌의 공간에서 지내고 싶습니까?

예) 몸도 마음도 편하게 쉬면서 여유를 맛볼 수 있는 공간.
편안한 상대와 스스럼없는 대화를 나눌 수 있는 공간.

Ⓠ 하고 싶었지만 할 수 없었던 것은 무엇입니까?

예) 부부가 느긋하게 대화를 나누는 것.
넉넉한 시간을 갖고 책을 읽는 것.

Ⓠ 어떻게 하면 지금부터 할 수 있겠습니까?

예) 부부가 느긋하게 대화를 나누는 것.

→ 되도록 함께 저녁 식사를 하면서 자연스럽게 하루 일과를 얘기한다.

넉넉한 시간을 갖고 책을 읽는 것.

→ 출퇴근 시간에 지하철 안에서 독서를 해본다.

행운신의 사고방식에 입문하기

가난신이 벽장에 들어간 후, 나는 한숨을 돌리고 히로키가 집에 오기를 기다리면서 머릿속을 정리하기 시작했다.

가난신 때문이라고는 하지만 '저곳은 지저분해도 그대로 두자'고 정한 것만으로 이상하게도 마음이 편안해지는 것을 느꼈다. 집을 치우지 않는 나를 늘 책망하면서 느끼던 죄책감이 이 일로 인해 상당히 완화된 것은 생각지도 못한 선물이다.

아까 필기한 것들을 다시 보니, '상대에게 득이 되는 것을 생각한다'는 글이 눈에 들어왔다.

'그러고 보니 히로키의 단점을 지적한 적은 있어도 그에게 득이 될 만한 일을 생각해본 적이 전혀 없었는지도….'

그렇게 생각한 나는 남편이 돌아오기 전에 뭔가 할 수 있는 것이 없을까 하고 생각해보았다.

'지난번 책 정리할 때 발견한 아로마 오일이 있었지. 아로마 강좌에서 받아 오고 한 번도 쓰지 않았는데, 오늘 한번 써볼까?'

서둘러 아로마 오일을 찾아 병을 살펴보니 '레몬그라스'라는 표기가 눈에 들어왔다.

'레몬그라스는 어떤 효과가 있다고 했지…?'

먼지를 뒤집어쓴 오일 병을 행주로 깨끗이 닦으면서 설명서에 적힌 효능을 읽어 보니 레몬그라스는 항균, 항바이러스, 곰팡이 방지 효과가 높고, 공기 청정과 소화 효과는 물론 스트레스 완화에도 도움이 된다고 적혀 있었다.

'오, 좋은데! 현관에 뿌리면 좋겠네. 곰팡이가 생긴 신발 때문에 냄새도 신경 쓰였는데 잘 됐다. 히로키도 피곤에 절어 집에 올 테니 스트레스 해소 겸 일석이조네.'

어째서 이런 좋은 것을 처박아 뒀는지 반성하면서 곧장 현관으로 가서 분무기에 담은 레몬그라스 아로마 오일을 현관 전체에 쉭쉭 뿌렸다.

'아주 좋은 향이야! 왠지 상쾌한 기분이 들어. 히로키도 아마 좋아할 거야.'

기분이 좋아져서 거실로 돌아온 나는 잠시 동안 향기에 취해 있었다. 그러자 ….

"다녀왔어. 우와! 뭐야? 이 좋은 냄새는!"

일을 마치고 돌아온 남편이 어린아이 같은 들뜬 목소리로 떠들어댔다. 그 소리를 들으며 마음속으로 승리의 V자를 그렸다. 바라던 대로 그는 몹시 기뻐해 주었다.

"이야! 오늘은 현관에서 굉장히 좋은 향이 나던데 무슨 일 있어?"

"사용하지 않은 아로마 오일을 발견해서 괜찮겠다 싶어 현관에 써봤지. 괜찮았어?"

내심 '당연히 좋았겠지?'라고 생각하면서도 일부러 모른 척 히로키에게 물어보았다.

"굉장히 좋은데! 피곤이 한 방에 날아가는 느낌이었어! 얼마 전에는 집 정리를 하고, 오늘은 아로마를 쓰고…. 평소의 당신과 다른 느낌인데, 무슨 일 있는 거야?"

사실은 가난신이…라고 말하고 싶었지만 그런 말을 들으면 나에게 머리가 이상해졌다고 할 테니 굳이 말하지 않기로 했다.

"조금 기분 전환을 하고 싶었을 뿐이야. 그건 그렇고, 당신 방에 벳코아메가 있는 걸 봤는데 그거 무슨 생각에 산 거야?"

화제를 사탕으로 돌려서 솔직히 물어보기로 했다.

"아, 그거. 사실은 요즘 일이 잘 되지 않아서…. 며칠 전 영업하러 갔다가 막과자(마구 만든다는 의미의 과자로, 일본에서는 가업을 이어 전통문화로 취급함) 가게를 발견한 거야. 옛날 생각도 나서 들어가 보니 우리들의 추억이 깃든 벳코아메가 있더라고. 그걸 보고 옛날이 떠올라서 힘 좀 내려고 사 온 거야."

처음에는 솔직히 무슨 뜻인지 잘 이해가 되지 않았다. '우리들의 추억'이라니? 나는 짐작이 가는 것이 없었다.

기뻐하며 얘기를 하는 히로키를 보니 차마 생각이 나지 않는다는 말은 할 수 없어서 말을 맞추며 마음속으로 어떤 추억이었는지 떠올리려고 애를 썼다.

"아, 맞아. 그때가 그립네, 그때 어땠지?"

"그건 아마 우리가 결혼하기 바로 전이었을 거야. 내가 아직 직장을 정하지 못했을 때니. 그런 상태로 결혼을 해도 좋을지 고민하던 나에게 당신은 이렇게 말했지. '된다고 생각하면 되는 거지. 복잡하게 생각하지 말고 결혼하자!'라고. 그런 말을 한 후에 같이 걷다가 막과자 가게를 발견했는데 행운신의 그림이 그려진 벳코아메를 팔고 있었어. 당신은 천천히 다가가더니 그걸 두 개 사서 '이거 먹어!'라며 나에게 건넸어. 당신이 주는 사탕을 녹여 먹는데 왠지 웃음이 나더라고. '뭐, 어떻게든 되겠지'라는 생각이 들었어. 그때가 생각나서 벳코아메를 두 개 사 왔지. 나중에 보니 한 개는 없어져서 당신도 옛 생각이 나서 먹었나 보다 생각했어."

내가 아닌 행운신이 벳코아메를 가지고 갔다고 말할 수는 없었다. 나는 그 추억이 기억나지 않았지만 그대로 말을 맞추었다.

"그러고 보니 그런 일도 있었네."

"그립다…. 그동안 부부가 이렇게 편하게 대화를 나누는 시간도 없었네. 외식으로 식사를 끝내는 게 당연한 일이 되었지만, 오랜만에 집에서 만든 음식도 먹어보고 싶다. 아무 때고 다음에 시간이 있을 때 집에서 요리해서 먹을까…?"

눈치를 보면서 겸연쩍게 얘기하는 히로키를 보면서 어쩐지 서글픈 마음이 들었다. 어딘가 나에게 주눅이 든 느낌이 들었다. 그것은 내가 그에게 지금껏 호되게 잔소리만 해댄 결과였다.

"좋아. 먹는 거 가지고 뭘…. 요즘 들어 음식을 해먹지 않았네."

그렇게 대화를 나누는데 난데없는 목소리가 들려왔다.

"꺄! 여기 이렇게 좋은 냄새가! 기분 엄청 좋아! 요전에는 썩은 냄새가 나서 최악이었는데 뭐지? 뭐지!"

현관에서 매우 크게 떠들어대는 소리가 들렸다.

"어린아이 목소리인데?"

놀란 히로키는 급히 현관으로 달려갔다. 하지만 그곳에는 아무도 없었다.

"요즘 피곤해서 그런가…. 오늘은 나에게도 이상한 소리가 들리다니…."

"그런가 보네. 오늘은 늦었으니 반신욕이라도 하고 그만 자는 게 좋겠어."

나는 행운신에 관해 말하지 않았고 우리는 각자의 방으로 들어갔다.

침대에 누워 멍하니 천장을 바라보면서 오늘 하루의 일을 되짚어봤다. 그러자 문득 그날의 기억이 되살아나기 시작했다.

'그러고 보니 나, 히로키를 행복하게 해주겠다 다짐하고 결혼했어.'

결혼 당시의 그는 굉장히 빈약해서 아무리 봐도 복이 있는 인상은 아니었다. 이제 와 생각하니 마치 가난신과 비슷한 인상이었던 것 같다.

하지만 나는 타인을 배려하는 그의 깊은 애정과 자상함에 이끌렸었다. 결혼을 신중하게 생각할 시기가 되었을 때 히로키는 직장이 불안정했지만 최악에는 내가 벌어서 먹고살아도 된다고 생각할 정도였다.

"이 나약하고 운이 없을 것 같은 남자를 내가 행복하게 해주겠어!"

하지만 결혼생활을 해나가면서 그러한 일들은 까맣게 잊고 히로키를 행복하게 해주기는커녕 반대로 그에게 욕이나 퍼부어서 주눅 들게 만들어 본래의 그가 가진 눈부심도 잃게 만들어버렸다.

맞벌이니까 집안일은 분담하자고 히로키가 신혼 초에 말했었다. 그렇지만 "내가 하는 게 빠르니까 내가 할게!", "그럴 여유가 있으면 돈이나 더 벌어와!"라며 내가 심하게 몰아세우는 바람에 그는 집안일에서 손을 떼게 되었고…. 결과적으로 그것이 내가 가진 불만의 하나가 되었다.

히로키가 밖에서 밥을 먹고 들어오게 된 것도 일이 바빠서라기보다는 내가 원인이었는지도 모른다고 반성하게 되었다.

"상대에게 득이 되는 것을 생각한다…는 바로 이런 건가?"

그날 나는 평소와는 다르게 진심 어린 심정으로 밤을 보내고 있었다.

| 공간심리상담가의 해설 |

행운신의 사고방식에 관한 정리

유카 씨는 가난신의 가르침과 반대로 할 수 있는 것부터 실천해가자고 생각했습니다. 이것은 '행운신의 사고방식'에 입문하는 길이기도 합니다.

먼저 유카 씨는 가난신을 위해 어질러진 환경을 일부러 그대로 둠으로써 '집을 치우지 않는 나는 한심한 사람'이라는 죄책감이 줄어든 것을 느꼈습니다. 실은 이 점이야말로 불행해지는 사고방식의 원칙인 '마음과 현실의 상태에 모순을 만든다'를 반전시킨 '마음과 현실의 상태를 일치시킨다'라고 하는 본질이기도 합니다. 어질러진 환경을 보고 자기혐오에 빠지는 것은 '사실은 깨끗한 상태를 유지하고 싶다'는 생각과 현실이 모순되어 있기 때문입니다.

하지만 어질러진 상태여도 '일부러 어질러둔 거야'라고 나의 의지로 그렇게 했다는 인식을 갖는 순간, 마음과 현실의 모순은 사라져 스트레스도 없어지게 됩니다. 제가 평소에 정리를 하지 않는 사람에 대해 조언하는 내용이기도 합니다만, 만일 정리하지 않는 것에 자기혐오를 느낀다면 '지금은 치우지 않을 거야'라고 자신의 의지로 다짐하라고 말해줍니다.

나의 의지로 정리하지 않는다는 것은, 나의 의지로 언제든지 정리할 수 있다는 발전적인 마음으로 눈앞에 펼쳐진 현상을 받아들일 수 있습니다.

또한 한 번에 전부 깨끗하게 하기보다 '이곳은 좀 내버려 둬도 좋아'라는 곳을 정해두는 것도 하나의 기술이라고 할 수 있습니다.
'어질러서는 안 돼'라고 생각하는 것은 '하지 않으면 안 된다'는 관념을 생성하는 원인이기도 해서, 일부러 어질러두어도 좋은 장소를 정해두면 정리하지 않는 것에 대한 심리적 스트레스를 덜 수 있습니다.
더욱이 '좀 안 치우면 어때?'라고 생각하면 반대로 치우고 싶어져서 행동력이 높아지는 경우도 실제 사례로 많이 보아왔습니다.
이러한 행운신의 사고방식에 관해 자세히 살펴보기로 하겠습니다.

★ 행운신의 사고방식에 이르는 세 가지 키워드

① 상대에게 득이 되는 것을 생각한다

이것은 불행한 사람의 사고방식인 '나에게 득이 되는 것을 생각한다'는 것을 반전시킨 것입니다. 유카 씨는 히로키 씨에게 득이 되는 것을 생각하면서 이전에 자신이 가지고 있던 아로마 오일을 발견하고는 생각에 잠겼습니다. 그리고 그것을 현관에 뿌려서 히로키 씨를 기쁘게 해주었습니다.
그렇게 한 발 내딛은 것이 히로키 씨를 기쁘게 할 뿐 아니라 유카 씨 자신도 기쁜 일이 되고, 나아가서는 행운신이 기뻐하는 결과를 낳게 되었습니다.
나에게 득이 되는 것을 생각한다면 나만 이득을 보고 말 뿐 광범위하게 좋은 영향력을 미칠 수 없습니다. 하지만 상대에게 득이 되는 생각을 하면 상대가 얻는 이득에 그치지 않고 자신도 기뻐할 수 있는 범위로까지 넓어져 나중에는 상대와 나 이외의 부분까지 기쁨의 연쇄 작용으로 퍼져나가는 것을 경험할 수 있습니다. 먼저 상대를 위해서 무엇인가를 하려고 진지하게 골몰할 것이 아니라, 상대가 조금이라도 이득을 보았다고 느낄 수 있는 일을 하려는 가벼운 마음으로 다가가는 것을 권하고 싶습니다.

행복은 움켜쥐려고 해서 잡히는 것이 아니고, 타인에게 이로운 행동을 할 때에 자연스럽게 돌아오는 것입니다. 타인이 이득을 보게 해준 만큼 나에게도 이득(덕)이 돌아옵니다. 이러한 행동을 반복하다 보면 물질적 풍요와 행복이 점점 나에게 들어오게 되어 있습니다.

이러한 사고방식을 더욱 굳게 다지기 위해서 다음의 두 가지 질문에 대한 답을 생각해봅시다.

Ⓠ 배우자가 이득을 보았다고 느끼게 하려면 나는 무엇을 할 수 있을까요?

예) 가끔은 마음을 담아 음식을 만들어준다.

편하게 잡담을 나누는 시간을 일상적으로 만들어본다.

Ⓠ 배우자가 손해를 보지 않도록 나는 무엇을 할 수 있을까요?

예) 잔소리보다는 그 사람의 장점을 되새겨본다.

상대방의 이야기를 끝까지 들어주는 대화의 시간을 갖는다.

② 기쁨으로 이어지는 결단을 한다

이것은 불행한 사람의 사고방식인 '항상 올바른 결단을 내린다'는 것을 반전시킨 것입니다. 유카 씨는 '항상 잘못된 결단을 내린다'라고 메모했지만, 핵심은 올바른 결단을 내려서 올바른 결과를 얻는 것이 반드시 행복으로 이어진다고는 할 수 없다는 것입니다. 눈앞의 결과에 얽매이지 않는 결단이야말로 풍요로움과 행복을 이끄는 중요한 포인트입니다.

유카 씨는 기쁘게 얘기하는 히로키 씨를 배려해서 이해하지 못하는 얘기도 일단 상대에 맞춰 들어보는 노력을 했습니다. 옳은가 옳지 않은가로 판단하면 그럴 때 틀렸다고 지적하는 편이 맞다고 생각할지 모릅니다. 하지만 그렇게 해서는 즐겁거나 기쁜 감정이 생기지 않겠지요. 그래서 결과적으로 히로키 씨의 솔직한 심정을 이끌어내게 되었던 것입니다.

사람은 결과로 이득을 보려 하면서도 그 과정에서 좋은 감정도 얻고 싶어 합니다. 예를 들어 좋은 결과를 얻었다고 해도 좋은 감정을 느끼지 못하면 사람은 행복감을 맛볼 수 없습니다.

행복을 느끼기 위해서는 감성을 기본으로 한 결단을 내리는 점이 중요합니다. 그러므로 내가 무엇에 기뻐하는지 스스로를 알지 못하면 기쁨으로 이어진 결단은 내릴 수 없는 것입니다. 그 점을 근거로 해서 항상 기쁨을 얻을 수 있는 결단력을 습관화하도록 다음의 질문에 대한 답을 생각해봅시다.

Ⓠ **당신은 어느 때에 기쁨을 느낍니까?**

예) 참신한 아이디어가 번뜩이며 떠오를 때.

상대방이 진심으로 기뻐하는 모습을 볼 때.

③ 직감을 소중하게 여기는 행동을 한다

이것은 불행한 사람의 사고방식인 '논리를 따져 행동한다'는 것을 반전시킨 것입니다.

유카 씨는 '논리를 따지지 말고 행동한다'라고 적었지만 이러한 부정적인 의식으로 행동을 하는 것은 주의가 필요합니다.

즉 '논리를 따지지 말고 행동한다'고 머릿속에 떠올리면 '논리'가 처음부터 의식되어 결과적으로 논리로 생각해서 행동하게 되어버립니다.

이것은 많은 사람들이 일상적으로 하는 일이기도 합니다. 예를 들면 '물건을 잃어버리지 말자', '지각하지 말자', '어지르지 말자'도 대표적인 부정의식으로 들어서는 행동 패턴입니다.

물건을 잃어버리지 말자고 생각하면 생각할수록 물건을 잃어버리고, 지각을 하지 말라고 상대방에게 말하면 할수록 상대는 지각하는 상습범이 되며, 어지르지 말자고 생각하면 할수록 머릿속마저 산만해져서 정신도, 방도 엉망이 되어버립니다.

그러므로 원하는 결과를 얻기 위해서는 '하지 말자'는 생각 보다는 다음의 예와 같이 '하자'는 간결한 행위로 바꾸는 것이 중요합니다.

물건을 잃어버리지 말자 → 소지품은 사용하자마자 가방에 넣자

지각을 하지 말자 → 평소 시간대의 바로 앞 전철을 타자

어지르지 말자 → 있던 자리에 다시 갖다 두자

이처럼 직감을 소중히 하는 행동을 할 수 있도록 다음의 질문에 답해봅시다.

Ⓠ 나에게 남은 시간이 앞으로 3주밖에 없다면 어떻게 보내겠습니까?

예) 평소에 꼭 하고 싶었지만 바빠서 미뤘던 일을 한다.

가족이나 가까운 지인과 깊이 있는 시간을 갖는다.

3장.
불행한 사람의 사고방식에서 행운신의 사고방식으로

작은 변화의 시작

눈을 번쩍 뜨니 해가 뜨기 바로 직전의 새벽이었다.

평소와 다르게 눈이 떠지기도 했고, 오랜만에 아침 해를 보려는 마음에 나는 현관으로 향했다. 신발을 신으면서 느꼈다. 아직 희미하게 남은 레몬그라스의 향기가 상쾌한 아침을 열어주는 듯했다.

"흐음. 기분 좋은데."

바깥 공기를 쐬자 무의식중에 허리가 쭉 펴졌다. 집 앞에서 막 떠오르기 시작하는 해를 바라보며 심호흡을 반복했다. 떠오르는 태양은 정면으로 바라볼 수 있을 만큼 부드러운 빛이었다. 이렇게 상쾌한 마음으로 아침을 맞이한 기억은 실로 오랜만이다.

다시 집 안으로 들어와서도 시간이 남아 커피를 한 잔 마셨다. 언제나 허둥지둥 출근하는, 항상 여유가 없는 날들을 보냈는데 아침에 10분이라도 여유가 생기니 마음이 차분해지는 것을 느꼈다.

가난신의 강의를 받기 시작한 지 4일이 지났지만 이미 나는 행운신을 묶어둘 결계의 시한이 3주라는 것은 그다지 신경 쓰지 않게 되었다.

물론 행운신이 있어 주는 것보다 더 좋은 것은 없을 것이다. 하지만 지금의 나는 조금은 성숙해진 듯한 느낌에 작은 행복을 맛보기 시작하고 있었다.

"이제 슬슬 일하러 나가볼까?"

여유 있는 아침을 보낸 덕분인지 출근도 여유가 있었다. 언제나 아슬아슬하게 출근 타임카드를 찍었지만 오늘은 조금 이른 전철을 타보기로 했다.

나는 직장 상사가 싫어서 회사도 그만두고 싶었으나 어쩌다 보니 지금 다니는 옷가게에서 13년 근무한 선임자가 되었다. 이직률이 높은 직장이었지만 일이 싫어서 그만두는 것은 왠지 싸움에서 지는 기분이 들어 끈기를 가지고 오늘날까지 견뎌온 것이다.

하지만 점장인 상사와 합이 맞지 않아서 스트레스가 극에 달하자 이제는 일을 하면서도 그만둘 생각만 머릿속에 가득했다.

"좋은 아침입니다."

조금 일찍 출근한 가게에는 일찌감치 출근한 점장이 개점 준비를 하고 있었다.

"어머…, 오늘은 일찍 왔네. 웬일이래."

평소보다 10분 일찍 왔는데도 점장은 매우 놀라는 눈치였다.

“마침 잘됐네. 준비하는 데 시간이 좀 걸려. 도와줄 테야?”

“아, 예! 금방 옷 갈아입고 올게요.”

평소에는 아슬아슬하게 출근해서 시간에 딱 맞게 일을 시작했다. 그것이 나의 근무 태도였다. 하지만 오늘은 흔치 않게 일찍 도착했으니 개점 준비를 도와야 할 처지가 되었다.

모처럼 기분 좋게 아침을 맞이했는데 왜 이렇게 운이 따르질 않는지. 일을 돕는다고 수당을 더 받을 수 있는 것도 아니어서 의욕이 나질 않았지만 마지못해 상사의 일을 도우러 나섰다.

“오늘은 왜 일찍 출근했어?”

점장은 상품의 가격표를 붙이면서 신기한 표정으로 물었다.

“아, 특별한 이유는 없고 그냥 아침에 시간이 있어서 가끔은 일찍 출근할까 싶은 마음이 들어서요.”

솔직한 대답에 점장은 고개를 갸웃하면서 이렇게 말했다.

“이상하네. 평소답지 않은데. 하지만 일찍 출근한다는 건 좋은 마음가짐이야. 일찍 와준 덕분에 평소보다 준비가 일찍 끝났네.”

“아, 네. 별말씀을요….”

나는 점장이 언제나 화를 내고 있었기 때문에 ‘덕분에’라는 말을 들으니 놀라울 따름이었다.

내 마음속에는 비아냥거리면서 늘 화를 내는 괴물 같은 상사의 이미지가 있었기 때문에 오늘의 점장은 평소와 다른 사람 같았다.

"매일 혼자서 작업을 하셨어요…?"

나는 주뼛주뼛하면서 점장에게 물었다.

"응, 한 시간 정도 먼저 와서 혼자서 했어. 이 자질구레한 별것 같지 않은 일이 꽤나 시간이 걸리네…. 매일 혼자서 하니 노이로제에 걸리는 것 아닌가 하는 생각이 들기도 해."

이 옷가게는 13년 전에 개점했고 점장과는 그즈음부터 함께 일했다. 개점부터 함께한 사람은 나와 그녀뿐이다. 그럼에도 불구하고 나는 가게와 점장에게 전혀 관심이 생기지 않았다.

일은 돈을 벌기 위한 수단이었고 수당이 나오지 않는 일은 절대로 하지 않는 '주의'였다. 아슬아슬하게 출근해서 시간이 되면 바로 퇴근했다. 월급을 주는 시간만이 나의 일이라고 늘 생각하고 있었다.

"한 시간 전에 출근하면 수당을 받나요?"

신경이 쓰인 나는 무심코 상사에게 물었다.

"따로 수당을 주는 것은 아니야. 좋아서 하는 것뿐이지. 뭐, 좋아서라기보다는 하지 않으면 마음이 놓이지 않아서랄까. 일을 시작하기 전의 준비는 중요한 거니까. 그건 그렇고 유카 씨, 돈의 노예 같은 분위기가 물씬 나는데."

점장의 말을 들으니 아니라고 대답할 수 없었다. 머릿속 계산기로 이미 계산을 하고 있었기 때문이다. 이 사람은 한 시간 동안 이런 봉사적인 행동을 13년간 계속해온 것이란 말인가. 이 한 시간을 시급으로 환산해서 13년분을 곱하면 도대체 얼마를 손해 본 것일까. 나는 이해할 수 없는 일이었다. 가계부는 잘 쓰지 못했지만 이런 손해와 이득에 관한 계산은 순식간에 해내는 내가 참으로 싫게 느껴졌다.

"이제 일할 시간이네. 자, 자리로 돌아가자고. 도와줘서 고마워."

맥이 빠질 만큼 온화한 점장을 보면서 이상한 감정에 휩싸여 일을 시작했다. 그와 동시에 점장을 보는 시선이 조금은 달라졌다.

이 사람은 13년간 아무에게도 말하지 않고 묵묵히 자신이 해야 할 일을 해왔던 것이다. 13년을 같이 보낸 나와 점장은 하늘과 땅만큼의 차이가 있다는 생각에 조금 부끄러운 마음도 들었다. 가난신이 들러붙는 것도 당연한 것일지도 몰랐다.

'직장에서도 난 불행의 사고방식으로 지냈는지도 몰라….'

아침에 느꼈던 상쾌한 기분이 단숨에 꺾이며 우울해졌다. 언제나 점장에게 혼나서 언짢은 기분이었지만 오늘은 나 자신이 한심하고 싫어졌다. 이렇게 괴로워하며 자기혐오에 빠져 있는데 손님이 들어왔다.

"어서 오세요."

손님이 들어오자 즉각 목소리를 높였다. 이것이 손님 응대의 규

칙이다.

이 상점은 백화점 안에 있는 옷가게여서 한꺼번에 많은 손님이 밀려오는 곳은 아니었다. 자주 찾는 손님을 놓치지 않도록 적극적으로 접근해서 조금이라도 매출을 올리라는 교육을 받았다.

"마음에 드는 옷이 있으십니까?"

이때다 싶어 얼굴에 가득 웃음을 지으며 옷을 보고 있는 손님에게 말을 걸었다. 그러자….

"아, 아뇨. 그냥 보기만 하는 거라서…."

손님은 기분 나쁜 표정을 지으며 총총히 가게를 나갔다. 자주 있는 일이었다.

"정말이지, 구경만 하는 손님 짜증나! 살 생각도 없으면서 죄다 늘어놓으면 어쩌라고. 정리하느라 힘들어 죽겠는데…."

기분이 가라앉아서인지 언제나 생각하던 마음속 외침을 그만 입 밖으로 내뱉고 말았다.

"유카 씨, 뭐라고 그랬어? 그런 마음가짐으로는 오는 손님도 내쫓겠어!"

아! 이거지, 이거! 평소의 괴물 점장으로 돌아왔다. 나는 늘 이런 식으로 혼이 났고 다시 기분이 가라앉았다.

"죄송합니다…."

어쨌든 사과하고 나는 바로 내 자리로 돌아갔다.

역시 직장에서도 자기혐오에 빠질 뿐이다. 얼른 일을 끝내고 빨리 집에 가고 싶다. 이런 상태로는 오늘의 매출은 제로이리라.

단숨에 의욕을 잃은 나는 시간이 빨리 지나가기를 기다리며 시무룩한 얼굴로 우뚝 서 있었다. 그러는 순간, 아주 산뜻한 향기가 내 앞을 빠르게 스쳐 지나갔다.

"와, 좋아라. 이 향긋한 냄새는…."

문득 기분이 맑아지는 향기를 맡으며 나는 무의식적으로 감탄했다.

"어머, 좋아하는 향이었나 봐요?"

나도 모르게 눈을 감고 향기를 맡았는데 내 옆에서 생기를 띤 고상한 목소리가 들렸다. 깜짝 놀라 눈을 떠보니 역시 고상한 분위기를 풍기는 부인이 서 있었다.

"아, 어서 오세요. 실례했습니다. 향이 너무 좋아서 그만 생각 없이…."

내가 당황하며 대답하자 부인은 빙긋 웃으며 말했다.

"향기에 관심이 있으세요?"

"관심이랄까…, 사실은 어제 처음으로 현관에 레몬그라스 아로마를 뿌렸더니 향이 참 좋더라고요."

나의 대답에 부인은 부드럽게 웃으며 말을 이었다.

"감각이 있으시네요. 향기는 아주 중요해요. 본능에 호소하는 것이 향기거든요. 전 사업을 하고 있는데, 개업하기 전에 일이 안정이 되지 않아 어려웠을 때 당신처럼 현관에 좋은 향을 썼더니 일이 순조로워졌지요. 힘들 때 매일 축 처진 기분으로 집을 나와서 다시 집에 돌아갈 때는 더욱 우울해졌는데, 좋은 향을 맡으니 기분 좋게 집을 나서고 다시 집에 돌아가서 좋은 향을 맡으면 리셋이 되는 기분이랄까. 아무튼 그렇게 마음을 다스릴 수 있었어요. 그 후로 지금도 계속 좋은 향을 즐기고 있고요."

조금 전까지의 가라앉은 기분이 거짓말처럼 일순간에 밝아졌다.

무엇보다도 지금 하고 있는 것의 연장선상에 이 멋진 부인 같은 미래가 기다리고 있을지도 모른다는 생각이 들자 나의 미래도 조금은 희망적으로 느껴졌다. 순간적으로 내 직분을 잊고 부인에게 물었다.

"저도 요즘 현관을 조금 정리해서 일이 순조로워진 기분이 들어요. 아로마를 쓴 것도 사실은 정말 오랜만이거든요. 예전에 들은 강좌에서 구입한 건데 그동안 사용하지 않아서 먼지를 뒤집어쓰고 있었어요. 어제 그걸 발견하고 한번 써본 거예요. 하지만 그것으로 이렇게 손님과 얘기를 나누게 되네요. 혹시 실례가 안 된다면 일이 순조로워지기 시작했을 때에 뭔가 다른 것을 알게 된 것이 있으면 가르쳐주시겠어요? 사실은 저, 지금 힘든 일이 많아서…. 아, 죄송합니다. 손님에게 이런 말을…."

내가 지금 무슨 말을 하고 있는 것인가. 손님에게 물건을 팔아야 하는 내가 정신을 차리고 보니 손님에게 고민 상담을 하고 있었다.

"호호, 당신은 아주 솔직한 사람이군요. 그 솔직함이 중요해요. 좋아요! 다른 것도 알려드릴게요. 하나는 현관, 다른 하나는 마루, 마지막은 유리창이에요. 처음에는 집 안에 있는 이 세 군데만 의식해서 정기적으로 깨끗이 닦았어요. 그러자 이상하게도 사업이 고속도로를 달리듯 죽죽 뻗어나갔죠."

나는 무심결에 수첩을 꺼내서 들은 것을 급히 받아 적었다. 가난신의 강의를 들은 후로 필기도구를 항상 가지고 다니게 되었던 것이 여기서 쓰이게 될 줄이야.

"어머, 바로 받아 적다니, 정말 성실하군요. 그 메모하는 습관도 중요하죠. 왠지 흥미로운 분인 것 같아요! 어수룩해 보이기도 했지만 이런 성실한 모습도 있고. 무척 호감을 갖게 하는군요! 그럼, 이제 옷을 보러 가도 될까요?"

부인은 매장 안의 옷을 둘러보기 시작했다.

"아, 감사했습니다. 편하게 둘러보세요. 보신 옷은 제가 정리할 테니 편하게 보시고 마구 펼쳐서 어질러주세요!"

"당신, 정말 재밌네요. 옷을 볼 때 막 어질러도 좋다는 표현은 처음이에요. 이렇게 즐거운 느낌은 오랜만이네요. 몇 가지 부탁해도 될까요?"

부인은 옷에서 신발까지 구색을 갖춰 샀다. 매출은 모두 합쳐서 110만 원이었다. 한 손님의 매출이 1백만 원을 넘는 일은 드물었다.

엉겁결에 '마구 어질러도 좋다'라고 했지만 잘 생각해보면 가난신이 사는 곳을 '마구 어질러도 좋은 장소'로 결정했었기 때문에 자연스럽게 나온 말이다. 가난신이 조금은 고맙게 느껴졌다.

"오늘은 아주 즐거웠어요. 당신과 또 얘기를 나누고 싶으면 여기에 와야겠군요. 고마워요."

웃는 얼굴로 매장을 나서는 부인의 뒷모습이 단아하면서도 아름답게 빛났다.

"대단해! 지금 그런 자세 아주 좋았어!"

매출에 엄격한 점장은 손님을 대하는 태도를 하나하나 주시하고 있었다.

점장에게 이런 칭찬을 듣는 것은 처음이었다. 하지만 나는 손님을 접대한 느낌이 아니라 내 고민 상담을 한 것뿐이었다.

"아까 그분, 정말 우연히 좋은 분을 만난 거예요…."

이런 운 좋은 손님은 지금까지 없었고 앞으로도 만나기 어렵겠지. 그래서 사실을 말했을 뿐이다.

"좋은 손님이 오는 것도 유카 씨가 좋은 분위기를 만들어서 그런 거야. 자신감을 가져. 오늘은 출근도 일찍 하더니 일이 척척 잘 되네. 아까는 내가 화를 냈지만 지금 유카 씨의 솔직한 느낌은 아주 좋아. 오늘은 그런 느낌으로 열심히 해."

당근과 채찍이라는 건 이런 것일까. 조금 전 화를 내는가 싶더니 이번에는 칭찬을 한다. 칭찬을 받는 것은 기쁘지만 나의 능력과는 딱히 상관없는 점을 평가받아서 순순히 받아들여지지 않았다.

다만 이후 시간에도 일이 순조로워서 결과적으로 지금까지 근무하면서 최고 3순위에 들 정도로 개인 일일 매출을 달성했다.

크게 노력한 것도 없이 달성한 것에 그렇게 기쁘진 않았지만 오랜만에 즐겁게 일을 한 것은 틀림이 없었다.

"수고했어. 오늘은 유카 씨 덕분에 전체 매출도 아주 좋았네. 내

일부터 이틀간 연휴니 푹 쉬고 다시 출근할 때는 기쁜 마음으로!"

요즘 가게 매출이 정체 상태여서 그런지 오늘의 결과에 점장은 매우 기쁜 듯했다.

'왠지 오늘은 일이 즐거웠어. 그렇다, 가끔은 나한테 주는 상으로 맛있는 간식거리를 사서 집에 가자!'

오랜만에 기분 좋게 일을 마친 나는 그토록 좋아하는 편의점 간식을 나에게 선물하기로 했다.

그러고 보니 이것도 오랜만의 일이다. 문득 생각하니 투자나 비즈니스 세미나에는 많은 돈을 썼지만, 빚을 갚느라 정작 나의 소소한 기쁨에 관해서는 돈을 써본 일이 전혀 없었다.

'겨우 몇천 원에 살 수 있는 행복. 이것도 지금의 나에게 중요한 것일지도 몰라. 그러고 보니 집에 선물 받은 맛있는 홍차가 있었지. 이 케이크랑 같이 먹어야겠다.'

작은 일에 설레는 기분이 든 나는 집에 돌아와 곧장 홍차를 준비했다. 물을 끓이는 동안 레몬그라스 아로마를 또다시 현관에 뿌렸다.

"레몬님 덕분에 어제부터 왠지 아주 좋은 일만 계속되고 있어. 앞으로도 잘 부탁해."

기분이 좋아진 나는 레몬그라스 아로마에게 '레몬님'이라고 이름도 붙였다. 예전엔 마음에 드는 것이 있으면 전부 이름을 붙여서 불렀던 기억이 났다.

그때의 나는 물건을 소중히 생각했고 집도 깔끔하게 치우는 사람이었다. 그러고 보니 나는 늘 '정리하지 않는 사람'은 아니었다….

'내일부터 이틀간 쉬니까 대청소라도 할까. 그 멋졌던 부인에게 배운 대로 어서 실천해야 좋은 기운이 들지도 몰라.'

이제껏 정체되어 있던 내 삶이 요 며칠간 확실히 순조로운 방향으로 변해가는 것을 느꼈다. 가난신의 가르침을 반대로 행한다는 것은 정말 효과가 있는 것 같았다.

그렇게 생각하자 나에게 가난신은 행복을 가져다주는 신일지도 모른다는 생각이 들었다.

'아, 물이 다 끓었네. 자, 그럼 홍차와 케이크를 즐겨볼까?'

나는 평소에는 쓰지도 않는 조금 고급스러운 찻잔에 홍차를 따르고 예쁜 그릇에 케이크를 옮겨 담아 카페에서 마시는 기분을 내보았다.

"그럼, 잘 먹겠습니다!"

케이크에 포크를 꽂으려고 하는 순간,

"그게 뭐야?"

별안간 귓가에서 여자아이의 목소리가 들렸다.

"우왓!"

갑작스러운 상황에 놀란 나는 의자에서 바닥으로 떨어져 버렸다.

"아야야…. 뭐야?"

너무 놀랐지만 바로 일어나려고 위를 올려다보자,

"헤헤헤. 뭔가 좋은 일이 있나 봐."

그간 나타나지 않았던 행운신이 눈앞에 있었다.

"아, 행운신, 있었구나…."

"결계가 쳐져서 계속 밖에 나갈 수가 없으니 답답했는데 요즘에 어쩐지 기분이 좋아졌어. 맘에 들어, 맘에 들어!"

갑자기 나타나서 놀라긴 했지만, 행운신은 천진난만한 거리낌 없는 웃음을 웃고 있었다. 그 행운신을 보는 것만으로 신기하게도 기분이 좋아졌다.

"있잖아. 요즘 좋은 일이 아주 많았어. 오늘은 기쁜 일도 있었고. 그래서 나한테 칭찬을 해주기로 했어."

나는 아침부터 있었던 좋은 일들을 하나하나 읊조렸다.

그리고 지금 행운신이 눈앞에 나타나 최고의 피날레로 하루를 마감하려 한다. 역시 나는 지금 아주 순조로운 흐름 속에 있다고 확신했다.

"아, 그렇다! 행운신아, 같이 차라도 마실래?"

나는 행운신에게 주스라도 주려고 신나는 마음에 냉장고로 걸어갔다. 하지만….

"나, 아무것도 필요 없어! 왜냐하면 여기 맛있는 케이크가 있는

걸. 이거 가지고 간다! 안녕!"

"잠깐! 뭐야?"

내가 당황해서 부산을 떠는 동안 행운신은 나에게 주는 선물인 케이크를 당당하게 들고 모습을 감추었다.

"안 돼! 내 행복을 빼앗지 말아줘!"

나의 외침은 허무하게 울려 퍼지고, 나를 위한 선물도 행운신과 함께 사라졌다. 게다가 행운신과 대화를 나누는 동안 모처럼 준비한 고급 홍차도 식어버렸다.

"뭐야? 행운신은 행운을 준다고 하더니 반대로 빼앗아 가버렸잖아!"

행복의 정점에 이르렀다고 생각했는데 행운신에게 떠밀려 나동그라졌다. 이번이 두 번째였다.

"두 번 이런다는 건 세 번도 그럴 수 있다는 건데…. 이제 행운신에게 기대는 하지 말자."

나는 마음속으로 단단히 결심하고 식은 홍차를 단숨에 마셔버렸다.

행복은 다른 모습으로 찾아온다

★ 작은 변화를 인정하다

가난신의 두 번째 강의를 듣고 난 다음 날부터 유카 씨의 일상에 변화가 일기 시작했습니다. 그녀는 지금까지 눈에 띄는 큰 변화를 기다리고 있었습니다. 하지만 요 며칠간은 지금 당장 할 수 있는 작은 변화를 행동으로 실천해보게 된 것이지요.
이번 유카 씨의 에피소드에는 행복을 손에 넣기 위한 요점이 여러 곳에서 표현되고 있습니다. 그러한 요점을 함께 하나하나 살펴보기로 하겠습니다.
먼저 유카 씨는 스스로 조금 성숙된 느낌에 작은 행복을 느끼기 시작하면서 소소한 행복을 되찾게 되었습니다. 이상적인 미래로 확실하게 나아가기 위해서는 한 발이라도 그 이상에 다가가는 행동을 하고 느끼는 것이 중요합니다.
저는 '정리의 심리'에 관한 일을 하면서, 정리하는 사람과 그렇지 않은 사람의 생각 사이에는 눈앞의 현실을 받아들이는 자세에 명확한 차이가 있다는 사실을 알았습니다.
정리를 하지 않는 사람은 조금씩 실천해서 변화가 생겨도 '아직 아무것도 한 게 없어요'라고 말합니다. 내가 그리는 완벽한 상태가 만들어지기까지 '완성되지 않았다'고 계속 말하는 것이지요. 그러기에 정리하지 않는 유형의 사람은 자기 긍정이 극도로 낮은 경우가 많습니다.

한편 정리를 잘하는 사람은 '할 수 있는 것에 더욱 집중'하고 조금이라도 앞으로 나아가려는 자세를 보입니다. 전체가 완료되지 않더라도 '오늘은 여기까지 해냈어!'라며 진행된 부분에 만족하며 계속해 나갑니다.

그러한 '작지만 해낸' 부분을 차분하게 더하고 더해 '나는 할 수 있다'는 자신감으로 이어갑니다. 그리고 아직 경험하지 못한 부분에도 '이런 나라면 할 수 있어!'라는 자기신뢰감을 뿌리 삼아 적극적으로 새롭게 도전할 수 있습니다.

유카 씨도 그러한 자신의 작은 변화를 의식함으로써 작은 변화가 연쇄적으로 이어지는 긍정적인 흐름을 조금씩 보이고 있습니다.

일이 잘 되지 않을 때일수록 안 된 부분에만 골몰해서 자신을 한심하다고 책망해버리기 쉽습니다. 하지만 현재까지의 삶을 살아오면서 모든 게 잘 되지 않아 오늘을 맞이한 사람은 한 사람도 없을 것입니다. 다시 말해 오늘까지 여러분이 이렇게 살아 있는 것은 '무언가에 성공했기 때문에' 지금이 있는 것이라는 말입니다.

작은 변화를 받아들이고 미래를 향한 실천을 가속화시키기 위해 다음의 질문에 답해보시기 바랍니다. 이제부터 당신에게 행복한 미래가 계속될 것입니다.

Q 사소하더라도 여러분이 잘 해낸 것을 적어보세요.

예) 일찍 일어나 평소보다 조금 이른 전철을 탔다.

멋진 손님을 만나 개인 매출도 최상의 기록을 세웠다.

★ '좋은 결과' 보다 '좋은 감정'을 얻을 수 있는 행동을 한다

유카 씨의 하루에서 다음으로 주목했으면 하는 것이 '좋은 결과를 만드는 상태'라는 부분입니다.

기분 좋은 아침을 맞이하면서 하루를 시작한 유카 씨는 평소보다 일찍 일터에 도착했습니다. 상사인 점장이 일을 도와달라는 말을 하자, '운이 없는 날이다'라면서 떨떠름한 마음으로 일을 돕습니다. 이 점이 바로 불행한 사람의 사고방식에서도 보았던 '나에게 득이 되는 것만 생각한다'는 발상 그 자체입니다.

이러한 사고는 손님을 대하는 접대 태도에도 나타나서 원치 않는 결과를 만들고 더욱이 점장에게 혼이 나는 악순환을 반복해왔던 것입니다.

유카 씨가 사고의 전환을 맞은 것은 '향기가 퍼져왔다'는 점에서 시작됩니다. 불만이 가득한 얼굴로 서 있던 유카 씨 앞에 좋은 향기가 퍼져서 일순간 기분이 나아지면서 아마 표정도 활짝 피었을 것입니다.

거기서부터 방향이 전환되어 멋진 손님과 만날 수 있었고, 예상외의 큰 매출도 올리게 되었습니다. 이러한 과정을 풀어서 해석해보면 '행복한 결과는 행복한 상태에서 만들어진다'는 것입니다.

유카 씨는 향긋한 냄새를 맡으면서 순식간에 좋은 감정의 상태로 변화했습니다. 행복한 결과를 낳는 본질은 이러한 쾌적한 감정의 연속에 있습니다. 좋은 결과를 내기 위한 목표만으로 행동하면 좋은 감정이 생겨날 리가 없습니다. 그리고 좋은 결과가 생겨도 좋은 감정이 없으면 행복감도 생기지 않습니다.

그러므로 행복이 이어지는 상태를 만들기 위해서는 좋은 결과를 얻을 목적이 아닌 좋은 감정을 얻을 목적으로 실천해야 합니다.

유카 씨에게 긍정적 순환이 이뤄지게 된 과정을 다시금 살펴보면, 결과가 아닌 '좋은 감정이 연속하는 행동'을 무의식적으로 취한 후부터 좋은 흐름으로 돌아서게 됩니다. 좋은 감정의 연속이 상대(손님)에게도 영향을 미쳐 더욱 좋은 감정을 불러일으키는 순환을 가져왔습니다. 그 결과, 좋은 감정으로 이어진 행동이 상품의 구입이라는 좋은 결과로 자연스레 나타나게 된 것입니다.

2장에서도 전한 바 있지만 사람은 느껴야 행동하는 감정의 동물입니다. 그리고 사람은 본래 결과 자체가 아니라, 결과 끝에 얻어지는 기쁨의 감정을 체감하고 싶어 합니다. 그 점을 근거로 기쁨의 감정을 계속 느낌으로써 '행복의 순환'을 가져오기 위해 다음의 질문에 답을 해봅시다.

Ⓠ 무엇을 할 때 좋은 감정이 생깁니까?

예) 아침에 일어나 신선한 공기를 쐬고 아침 해를 볼 때.
해낸 일에 대해 기뻐하고 그것을 기록할 때.

★ 유익한 정보보다 좋은 기억을 떠올리는 힘을 강화한다

마지막으로 이번 유카 씨의 에피소드에서 '과거의 기억'을 주목하고 싶습니다. 사람은 과거의 경험과 지식 등에 비춰서 이후의 상황 판단과 감정 표현을 정하는 성질이 있습니다.

예를 들면 유카 씨가 만면에 웃음을 짓고 손님을 대했더니 반대로 손님이 멀어져 가는 장면이 있었습니다. 손님은 판매원이 웃으면서 다가오자 과거의 경험에 비추어 '저렇게 웃으며 말을 걸어서 사고 싶지 않은 데도 산 적이 있다'는 싫은 기억이 떠올라 점원을 피하는 행동을 했을 가능성이 높습니다.

그와는 반대로 유카 씨가 매장에서 좋은 향을 맡자 레몬그라스 아로마를 뿌려서 좋았던 경험을 떠올리는 장면이 있습니다. 또한 떠오른 좋은 기억을 따라서 대화를 이어가자 손님의 좋은 경험도 이끌어내는, 서로의 행복한 감정이 계속 이어지는 선순환이 이뤄지게 됩니다.

중요한 것은 하나의 계기(여기에서는 향기)로 좋은 감정, 좋은 기억이 떠오르면서 좋은 순환이 계속된다는 점입니다.

유카 씨는 지금껏 여러 세미나를 듣거나 책을 읽으면서 '좋은 정보' 만을 얻으려고 했습니다. 하지만 정보만으로 얻을 수 있었던 것은 일시적인 만족감뿐이었고, 행복과는 별개의 감정이었습니다. 행복의 선순환을 이끌어내는 것은 만족감이 아닌 '행복감'입니다. 이 행복감을 계속 느끼려면 생각하는 것(정보를 얻는 것)보다 '떠올리는 것'에 집중해야 합니다.

여러분은 보통 어떤 것을 떠올리는 일이 많습니까?

배운 것과 경험한 것을 다시 떠올릴수록 기억으로 강화되는 것이 두뇌의 메커니즘입니다. 싫은 기억, 나쁜 감정을 떠올리는 기회가 많다면 그 기억이 강화되어 있다는 말입니다. 결과적으로 트라우마라는 심적 현상이 나타나는 것과도 관계가 있습니다.

반대로 좋은 기억, 좋은 감정을 떠올리는 기회가 많다면 그만큼 행복에 관한 감각도 강화되어 있다는 것입니다. 좋은 기억이 강화되어 있으면 자연스럽게 의식도 **'행복을 잡을 수 있는 쪽'**으로 향하게 되어 있습니다.

유카 씨는 좋은 감정으로 하루를 보내고, 일을 끝낸 후에도 좋은 기억을 계속 떠올렸습니다. 그 좋은 기억을 떠올리는 동안 행복감이 점점 높아졌던 것입니다.

이처럼 행복감을 지속하기 위한 '좋은 기억을 떠올리는 힘'을 키우기 위해 다음의 질문에 답해봅시다.

Q 떠올리면 기분이 좋아지는 일은 무엇입니까?

예) 장래의 꿈에 대해 상상하는 것.

좋아하는 장식품으로 꾸미고 매일 바라보며 즐기는 것.

집에서 쾌적함을 느끼기 시작하다

행운신에게 사소한 행복을 빼앗긴 나였지만 어쩌면 다행인지도 몰랐다. 원래 분위기에 잘 편승하는 유형이어서 좋은 흐름일 때는 정신을 차리지 못하다가 오히려 마이너스의 방향으로 후퇴해버리는 일이 잦았기 때문이다.

어젯밤에는 다시 기분을 가다듬고 평소보다 일찍 잠자리에 들었다. 그 덕분인지 휴일이면 언제나 여러 번 깼다가 잠이 들어 오후나 되어서야 일어났지만 오늘은 평소대로, 아니 평소보다 일찍 아침을 맞이할 수 있었다. 그리고 오늘의 아침 해도 상쾌했다.

휴일이었지만 뒹굴뒹굴하지 않고 기분 좋게 아침을 시작할 수 있었고, 식은 차를 단숨에 마실 수밖에 없었던 어제의 상황에서 벗어나 오늘은 우아하게 차를 즐겼다.

'그럼 오늘부터 이틀간 연휴니까 예정대로 대대적인 집 정리를

해볼까. 가난신은 그의 일정대로라면 내일 나오겠지. 그때까지 할 수 있는 것은 다 해두자!'

오늘 아침도 좋아하는 레몬 향을 맡으면서 나는 그동안 메모해두었던 것을 꺼내 다시 읽어보았다.

'생각해보니 그 부인, 정말 멋졌어. 나도 그렇게 되고 싶은데…. 아니, 반드시 되고 말 거야! 참, 그분이 알려준 걸 적어뒀었지.'

수첩을 열어보니 '현관, 마루, 유리창 닦기'라고 쓰여 있었다.

'닦는다는 건 알겠는데 왜 여기를 중점적으로 해야 하는지 묻는 것을 잊었네.'

어제는 붕붕 뜬 기분에 하나하나 궁금한 점을 자세히 물어보지 못했음을 깨닫자 아쉬움이 밀려왔다.

'아, 하지만 논리를 따지지 않는 편이 나을지도 몰라. 가난한 사람의 사고방식이 논리를 따져서 행동하는 것이라고 했잖아. 뭐, 깊이 생각하지 말고 행동하자!'

평소에는 머리로 생각해서 납득한 것만 행동에 옮기는 나였지만 오늘은 논리를 따지지 말고 행동하자고 자연스레 생각하게 되었다.

'우선은 현관부터. 묵은 신발을 버려야 좋은 기운이 드니 먼저 여기부터 정리를 끝내야겠어. 아, 생각이 떠올랐어. 좋은 기운이 든다는 말, 좋은 말이야. 운이 든다는 말을 하면 운이 더욱 좋아질 테니 이걸 구호 삼아 청소를 하자!'

멋진 결론에 다다랐다고 자화자찬을 하던 나는 수첩에 '운이 든다'라고 적었다. 오늘은 아침부터 좋은 생각이 자꾸 떠올랐다.

'그분은 닦는 것이 중요하다고 했어. 우선 이 집에 살기 시작한 후부터 한 번도 걸레질을 한 적이 없지만 오늘은 한번 닦아 볼까?'

나는 양동이에 뜨거운 물을 붓고 걸레를 준비해 현관으로 향했다. 청소기는 돌렸어도 걸레질은 한 적이 없어서 막상 하려니 새삼스러운 느낌이 들었다.

"우왓, 더러워! 닦아도 닦아도 제대로 닦이지가 않아! 하지만 깨끗해진 느낌은 조금 있군…."

지독하게 더러운 현관이었지만 청소를 시작하자 아주 말끔하게 깨끗이 청소하고 싶어졌다. 현관 바닥 닦기에 몰두한 지 30분이 지나자 어느 정도는 깨끗해졌다.

'너무 더러웠던 탓인지 걸레로 닦기만 해도 딴 세상이네! 더 이상 닦이지 않는 건 인터넷에서 방법을 찾아 나중에 청소하자. 나니까 뭐, 이 정도라도 할 수 있었지.'

특별한 작업 없이 걸레질만으로 깨끗해진 현관을 보자 확실히 공기가 달라진 기분이었다. 현관을 보면서 그렇게 느끼자 행복감이 밀려왔다.

'신발도 깨끗하게 정리하고 신발장도 닦자. 아, 그렇다! 운이 든다!'

현관 걸레질을 끝낸 나는 나름대로 마법의 구호를 떠올리며 더욱 기운을 냈다. 그대로 곧장 신발장 정리와 선반을 닦는 것을 끝으로 무사히 현관 청소를 마쳤다.

'마무리는 역시 레몬그라스지. 슉 뿌리면 운이 든다고!'

레몬그라스와 마법의 구호 조합으로 나는 더욱 운이 좋아지는 기분이 들었다. 이제껏 갖지 못했던 쾌적함을 느끼며 그대로 거실 바닥을 닦기로 했다.

'청소를 이렇게 즐겁게 하다니 처음인 것 같아.'

여느 때보다 기분이 좋아진 나였지만 거실에 와보니 멍해질 수밖에 없었다.

'와…. 지금까지 바닥을 닦아본 적이 없어서 깨닫지 못했는데 마루에 물건이 이렇게 많았던 거야…?'

얼마 전 식탁에서 식사를 할 수 있을 정도로 간단히 치웠지만 그 물건들을 마루 한쪽에 임시로 둔 상태였다. 그리고 다른 물건들도 쌓여 있었다.

'이건 너무 힘든 작업이겠는데…. 아, 집중해서 열심히 해보자…. 그만큼 운이 더 들 거야!'

평소라면 좌절하고 말았을 상황이었지만 마법의 구호가 후원이라도 해주는 듯 적극적으로 실천하고픈 의욕이 생겼다. 그리고 바닥에 흐트러진 물건을 정리하다가 좋은 생각이 떠올랐다.

'그러고 보니 내 방에는 어질러도 좋은 가난신의 구역이 있었지! 어디에 둬야 할지 모르는 것들은 우선 그곳에 갖다 두자!'

나는 정리하는 데에 서툴러서 깔끔하게 정리하려고 하면 할수록 어디에다 둬야 할지 모르는 물건들이 나와 일의 진행이 더뎌졌다. 망설이던 끝에 사고가 정지되어 행동을 중단하는 경우가 언제나 반복되는 것이다. 하지만 이번에는 어질러도 괜찮은 곳이 있다고 생각하자 부분적인 정리가 어렵게 생각되지 않아 일을 빨리 진행할 수 있었다.

'어제부터 가난신 덕분에 하는 일이 잘 풀리게 되었네. 다음에 나왔을 때는 제대로 감사의 인사를 해야겠어.'

이제껏 귀찮게 여겼던 집 정리를 시작하고 나니 완벽하지는 않지만 생각한 것보다 수월하게 진행되었다. 그리고 물건을 정리하다가 바로 활용할 수 있는 물건들도 속속 발견했다.

'아! 이 드라이플라워. 친구가 생일 선물로 준 거잖아. 먼지가 많아 쌓여 있네…. 그렇지, 아까 청소한 현관에 장식해볼까? 향기와 꽃으로 현관을 아주 밝게 꾸미는 거야.'

물건을 정리하면서 쓸 수 있는 것을 발견하면 보물을 찾은 느낌이었다. 그동안 활용하지 못한 물건이 상당히 많았다. 아끼다가 쓰레기를 만든다는 말이 떠올랐다.

바닥에 있는 물건들을 어느 정도 정리한 다음, 먼지가 날리는 마루에 청소기를 밀기 시작했다. 그러고 나서 현관과 똑같이 걸레질을 했다. 현관보다는 나았지만 청소기만 밀어서는 지워지지 않는 때가 있다는 사실을 처음으로 깨달았다.

'거실 바닥이 깨끗해지니까 기분이 좋은데! 와, 벌써 시간이 이렇게나 됐군. 좋아, 조금 쉬고 점심을 먹자.'

정신을 차리고 보니 나는 시간을 잊을 만큼 청소에 몰두해 있었다. 아침부터 몸을 계속 움직였더니 상쾌한 피곤함이 밀려왔다. 오늘은 냉장고에 있는 재료를 가지고 점심을 만들어 보기로 했다.

'자, 냉장고 안에 있는 걸로 음식을 만들어 볼까… 했더니, 유통기한이 지난 게 잔뜩 있네.'

오전 중에 청소로 마음가짐이 바뀌었는지 자연스레 냉장고 상태에도 신경이 쓰이기 시작했다. 나는 정신을 가다듬으면서 유통기한이 지난 것을 버리고 젖은 부분은 행주로 닦았다.

'조금 치웠는데도 의외로 깔끔해졌네.'

가지고 있는 것으로 음식을 만들려다가 냉장고 안도 깨끗해졌다. 오늘은 척척 행동에 옮기면서 아주 좋은 흐름을 탔다. 나는 점심을 먹으면서 깨끗해진 마루를 바라보았다.

'후…, 잘 먹었다. 밥을 먹었더니 졸리네…. 오전 중에는 열심히 일했으니 낮잠을 조금 자볼까.'

피로와 식곤증으로 졸리기 시작한 나는 낮잠을 청해보았다.

'오늘은 날씨도 좋다. 햇빛을 받으니 기분이 좋아. 앗, 그런데 창문이 너무 더럽잖아!'

자려고 누운 침대에서 빛이 들어오는 유리창이 보였는데, 더러워진 창이 자꾸 신경에 거슬렸다.

'그러고 보니 그분이 말씀했었지. 현관과 마루와 유리창이 중요하다고. 거슬리는데 침대 옆의 창이라도 닦고 잘까…. 유리창은 몇 년째 닦지 않았는데 무엇으로 닦으면 좋을까…?'

나는 침대에서 뒹굴며 휴대폰으로 '유리창 닦는 법'을 검색했다.

'아! 신문지로 닦으면 되는구나. 이게 좋겠어. 신문지는 많이 있으니 처분할 겸 해서 활용하면 그만이지!'

방에 파묻혀 있는 신문지를 찾아서 물에 적셔 유리창을 닦기 시작했다. 기대보다 신문지는 효과적이어서 유리창이 순식간에 깨끗해졌다.

'와, 아주 투명해져서 기분까지 좋아지는군! 신문지, 대단한데! 이것으로도 아주 깨끗해졌잖아.'

짧은 시간에 더러웠던 유리창이 반짝반짝해졌다. 그 투명한 아름다움은 태양 빛을 투과시켜 방 안에 쏟아지게 했다.

'아주 기분 좋은 빛이 들어오네!

생각해보니 이 방은 햇빛이 잘 들어서 히로키가 내 방으로 하라고 했었지…. 유리창을 너무 더럽게 둬서 그간 빛이 잘 들어오지 못

했던 거야….'

상쾌한 햇빛이 방 안 가득 채워졌다. 방 전체를 둘러보자 아직 다 정리하지는 못했지만 부분적으로 그 부인이 말했던 항목을 어느 정도는 실천에 옮겼다는 사실을 깨달았다. 조금은 해냈다는 만족감에 부드러운 햇살을 느끼며 침대에 그대로 누워 잠이 들려는 순간…,

"대단해! 이 방, 기분 좋은 햇빛이 마구 들어와!!"

이 목소리는 틀림없는 행운신이다. 잠에 막 빠지려는 순간에 들리는 높은 톤의 목소리는 참으로 괴로웠다.

"행운신이구나…. 나, 너무 졸려서 조금 자려고 하는데…."

"아니, 왜? 이런 기분 좋은 빛이 들어오는데 자고 있을 수는 없잖아!"

내가 자려고만 하면 행운신이 나타났다. 왜 이렇게 잘 안 맞는 것일까. 그런데 요즘 왜 이렇게 행운신의 출현 빈도가 높아지는지 궁금증이 일었다. 하지만 나는 맹렬하게 낮잠을 자고 싶기도 했다.

"행운신아, 부탁해! 지금은 혼자 있게 내버려 둬!"

열심히 일한 후 행복한 낮잠에 빠지려다 방해를 받은 나는 이불을 한 손으로 들고 거실 소파로 도망쳤다. 그리고 애벌레처럼 이불을 둘둘 말고 낮잠을 자기 시작했다.

| 공간심리상담가의 해설 |

행운신이 좋아하는 집 만들기

휴일 아침에 가뿐하게 일어난 유카 씨는 가게에서 만난 부인이 가르쳐준 대로 재빨리 정리를 시작했습니다. 그런데 정리를 잘하지 못하는 사람일수록 '잘 치우고 싶다'라는 생각에 몰두하는 경향이 있는데, 바로 그 점이 정리를 잘하지 못하는 원인 중 하나입니다.

정리를 잘하는 사람은 '청소를 한다'는 개념이 아니라, 내가 흥미 있는 부분에 관심을 두면서 '이런 분위기의 집을 만들고 싶다'라는 생각으로 집 정리에 전념합니다. 이것은 집 청소가 목표가 아니라 이상적인 집 만들기가 목표라는 것입니다.

마찬가지로 유카 씨도 집 청소를 목표로 한 것이 아니라 부인이 알려준 대로 집 만들기에 돌입했습니다. 청소가 목적이 아니라 동경하는 부인과 조금이라도 닮는 것이 목적. 그러기 위해 정리하는 행동에 가속도가 붙게 됩니다.

그러면 부인이 유카 씨에게 가르쳐준 세 가지 요점을 더욱 상세하게 설명하겠습니다. 이것은 행운신이 좋아하는 집 만들기의 기본이 되기도 합니다. 유카 씨가 받아 적은 내용은 다음과 같이 정리할 수 있습니다.

① 현관을 정리한다.

② 마루를 정리해 공간을 넓힌다.

③ 유리창을 깨끗이 닦는다.

★ 행운신이 좋아하는 집 만들기의 세 가지 포인트

① 현관을 정리한다

현관은 하루의 기분을 결정하는 장소이면서 정신을 가다듬기 위해 매우 중요한 장소입니다.
집을 나설 때에 반드시 지나야 하고 귀가해서도 처음 마주하는 장소가 바로 현관입니다. 이곳을 쾌적한 상태로 만들어야 좋은 기분으로 하루를 출발할 수 있고, 집에 돌아왔을 때도 금방 충전을 할 수 있습니다.
신발은 밖에서 오염물질을 묻혀서 들어오기 때문에 현관에는 먼지와 혼탁한 공기로 가득하기 쉽습니다. 그러한 먼지와 불결한 것들을 쓸고 닦아서 없애는 것이 좋은 흐름을 만드는 방법입니다.
저는 카페나 가게를 운영하는 사람들에게 반드시 현관을 청결하게 유지하라고 말합니다. 실제로 많은 분들이 현관을 청결하게 유지하자 손님이 많아지고 좋은 사람들이 모여 매출이 늘었다고 합니다.
행운신도 유카 씨가 정리한 현관에 흥미를 가진 것처럼 행복은 현관에서 온다는 생각을 가지고 먼저 이곳부터 정리하는 자세를 가져야겠습니다.

현관에는 물건을 많이 두지 말고 신발은 되도록 신발장에 넣어둡니다. 그것이 어렵다면 현관에 늘어놓은 신발만이라도 가지런히 정리하도록 합시다. 이 정도만 정리해도 현관은 깔끔해질 것입니다.

② 마루를 정리해 공간을 넓힌다

'마룻바닥 면적의 넓이는 수입과 비례한다'는 말이 있습니다. 집의 마룻바닥에 여유가 있도록 정리하고 깨끗하게 유지하는 사람일수록 경제적으로 윤택한 경우가 많습니다. 반대로 바닥에 물건이 넘치는 사람일수록 금전적인 여유가 없거나 돈이 들어오더라도 금방 나가는 악순환을 반복하는 경우가 많습니다.

인간은 주변 환경이 불안정하면 마음도 반드시 영향을 받아 불안정한 심리 상태가 되기 쉽습니다. 반대로 말하면 마룻바닥을 정리해서 공간을 깨끗하게 유지하면 그만큼 마음에 안정을 얻을 수 있다는 것입니다.

마루에 물건이 많다고 느끼신다면 시험 삼아 물건을 한쪽으로 모아두기만 해도 좋으니 마루를 정리해 공간을 넓혀 보시기 바랍니다.

바닥을 의식하는 것은 매우 중요한 요소여서, 실제로 경영 부진에 빠진 가게가 바닥을 정리하고 매일 깨끗이 닦은 결과 영업 적자가 V자형으로 회복된 사례도 있습니다.

③ 유리창을 깨끗이 닦는다

유리창의 상태는 인간 심리에 커다란 영향을 미칩니다.

우울증이 있는 사람의 방일수록 유리창에 사람의 손길이 미치지 않아 밖에서 보이지 않을 정도로 뿌옇거나, 결로 현상으로 곰팡이가 핀 경우를 많이 보게 됩니다. 밤이 긴 나라에 사는 사람일수록 우울증에 걸릴 확률이 높다는 통계에서 볼 수 있듯이 빛은 생명을 활성화시키는 에너지 그 자체입니다.

유카 씨의 방은 볕이 잘 드는 곳임에도 불구하고 유리창을 방치한 결과, 본래의 빛이 들어오지 못하고 환기도 되지 않는 상태였습니다. 그러한 음습한 분위기가 감도는 유카 씨의 방이기 때문에 가난신이 쾌적하게 살 수 있었던 것입니다. 하지만 유리창을 깨끗하게 닦자 볕이 잘 들게 되고, 그 빛을 끌어당기듯이 행운신도 모습을 드러내게 됩니다.

우울해질수록 유리창을 깨끗이 닦아보십시오!

유카 씨가 했던 것처럼 신문지를 활용하는 것도 효과적입니다. 또는 걸레로 닦기만 해도 먼지를 깔끔하게 닦아낼 수 있습니다.

이처럼 현관, 마루, 유리창만 주의해서 잘 관리해도 정신적으로 더욱 편안한 만족을 느낄 수 있습니다. 이렇게 안정이 되면 행운신도 자주 모습을 나타내고, 그에 따라 행복감을 점점 이어가게 되므로 우선은 이 세 가지를 명심해야겠습니다.

4장.

행운신의 마음에 드는 집 만들기

행복은 점점 가까이 다가온다

이틀 연휴를 보내고 나자 집은 매우 깨끗해졌다.

첫날은 혼자서 치웠지만 둘째 날은 히로키도 쉬는 날이어서 서로 도와가며 정리를 했기 때문에 13봉지나 되는 쓰레기 더미를 처분할 수 있었다.

요 며칠 동안 나의 마음은 크게 바뀌어갔다. 이혼하고 싶다는 생각을 늘 하고 살았지만 요즘은 히로키와 오히려 사이가 좋아진 느낌이다. 이제껏 일방적으로 그를 원망했지만 나에게도 잘못이 있었다는 점을 받아들인 것이 가장 큰 이유인 듯했다.

또한 그렇게 싫어하던 점장을 바라보던 시선도 긍정적으로 바뀌어 직장을 그만두고 싶었던 마음도 사라지고, 일 자체에 즐거움마저 느끼고 있었다.

무엇보다도 일상이 안정되면서 행복을 느끼는 기회도 늘어갔다.

'정말 뭔가 바뀐 기분이야.'

침대 위에서 좋아하는 사진작가의 책을 보면서 느긋하게 시간을 보내고 있는데 뒤에서 불쑥 기운 없는 목소리가 들려왔다.

"유카 씨, 정말 변한 느낌이 드는뎁쇼…."

"어머나!"

뒤를 돌아보니 예전보다 더 약해진 모습의 가난신이 서 있었다.

"그간에 이 집이 어쩐지 점점 살기 힘들어진 느낌입니다요…. 당신이 집을 치우기 시작해서 이 방의 에너지가 높아진 탓인지 저도 나오기 괴로울 지경이 되었습니다. 그토록 예술적이라고 할 수 있을 만큼 뿌옜던 유리창도 깨끗해져 버리다니 이젠 아주 최악입니다…."

"가난신 선생님, 오랜만이네요. 삼 일이 지나도 나타나지 않아서 조금은 걱정했었어요."

나는 시치미를 떼고 말을 이어갔다.

"그랬군요. 걱정은 마십시오. 회복하는 데에 시간이 좀 걸릴 뿐이지요. 그건 그렇고 행운신의 흔적이 남아 있는 느낌이 드는데, 요즘 무슨 일이 있었나요?"

가난신의 질문에 나는 최근에 행운신이 자주 나타났다는 것과 근황의 변화를 들려주었다.

"그건 안 될 말이지요…. 행복이 점점 이어질 거라는 징조입니

다. 이 시점에서 꼭 막지 않으면 안 됩니다. 오늘은 불행에 대해 핵심적인 강의를 해야겠군요.”

나의 근황을 들은 가난신은 갸웃하며 말했다.

“가난신 선생님, 알겠어요. 그러면 오늘도 잘 지도해주세요.”

오늘은 무엇을 가르쳐줄 생각인가. 사실 나는 가난신의 수업이 아주 흥미로워졌다. 왜냐하면 수업을 들을 때마다 나와 나를 둘러싼 현실이 확실하게 나은 방향으로 변화해가는 기분이 들었기 때문이다.

“먼저 최근의 유카 씨에 관해 명심해둬야 할 것이 있습니다. 조금 심한 말이 될 수 있는데, 괜찮을까요?”

평소와 다른 심각한 표정을 짓는 가난신을 보면서 무슨 말을 하려고 그러는지 조금은 불안한 마음이었지만 받아들일 수밖에 없었다.

“괜찮아요. 무엇이든지 괘념치 말고 말해주세요.”

“그러면 바로 수업을 진행하도록 하겠습니다마는, 그 전에 한 가지 묻겠습니다. 당신은 최근 무엇에 쫓기듯 행복을 추구하고 있나요?”

의외의 질문에 맥이 빠졌지만 그런 말을 듣고 보니 최근의 나는 스스로 행복을 추구하는 어떤 특별한 행동은 하지 않은 것 같았다.

“가난신 선생님, 행복을 추구하기 위해서 특별히 무언가를 하지는 않은 것 같은데요. 그 점이 불행해지기 위해서는 좋은 일 아닌가요?"

그렇게 되묻자 가난신은 즉시 대답했다.

"안 됩니다. 지금 당장이라도 생각을 바꾸지 않으면 위험합니다. 잘 생각해보세요. 당신은 이제껏 미친 듯이 행복을 추구해왔습니다. 그 결과, 불행을 맛볼 수 있는 환경을 손에 넣었지요. 그런데 지금의 당신을 보고 있으면 그 욕심을 손톱만큼도 느낄 수 없습니다. 바보 같은 짓입니다. 아주 어리석어요. 예전과 같이 조금이라도 더 부정적으로, 좀 더 욕심껏 행복을 추구해주세요. 그러면 다시 불행의 연쇄 작용이 반드시 일어날 것입니다."

최근의 나는 정말 쫓기듯 무언가를 추구하는 일은 하지 않았다. 친구가 새로운 세미나에 가보자고 하는 것도 처음으로 거절했다.

"항상 자신의 부족함을 느끼며 밖에서 뭔가를 추구하는 것은 불행을 맛보는 데에 아주 중요한 요소입니다. 그런데도 당신의 근황을 들으니 최근에는 마음속에 만족감을 얻은 것은 아닌지 해서…. 혹시 그렇다면 행복이란 것이 그만 가까이 다가오고 맙니다. 그러니 실제로 행운신이 자꾸 모습을 드러내기 시작한 게 아닙니까."

나는 처음으로 최근에 일어난 일을 비로소 객관적으로 바라볼 수 있었다.

★ 흡족하지 않은 상태

★ 흡족한 상태

내가 작은 행복에 취해 잠을 자려는 순간, 행운신이 나타나 방해했다. 잠깐 거슬렸지만 반대로 생각하니 내가 작은 행복이라도 느꼈기 때문에 행운신이 다가온 것인지도 모른다.

되짚어 생각하면 행운신과 처음 만났을 때의 나는 행운신에게 행복을 간절히 바랐었다. 하지만 그러한 염원도 잠시였을 뿐, 곧 가난신이 나타나 버렸다. 그러나 지금의 나는 그때와는 확실히 달라졌다.

"자, 좋습니다. 이 점은 중요한 사항이므로 명심해주십시오. 불행의 대원칙은 고독으로부터 시작되고, 고독에 있어 가장 중요한 점은 일방통행의 사고라는 것입니다. 당신은 이제껏 항상 일방통행이었습니다. 남편을 책망하고 직장 상사를 싫어하면서 행복만을 좇으며 자신을 객관적으로 반성하는 일은 하지 않았습니다. 그렇기에 가속적으로 불행에 이르는 상황을 실현한 것입니다. 하지만 최근의 당신은…, 사고방식이 점점 쌍방으로 치닫고 있지는 않은지요? 최근 당신이 청소한 장소도 잘 생각해보세요. 현관은 내부의 세계와 외부의 세계를 잇는 경계선으로 쌍방을 상징하는 장소입니다. 바닥이란 곳도 정적인 부분과 동적인 부분의 행동을 잇는 쌍방의 장소입니다. 창문도 바깥의 에너지를 받아서 안에서 머금었다가 다시 밖으로 내뿜는 쌍방의 장소입니다. 이런 장소에 더 이상 손을 대면 당신의 몸에 큰일이 일어날 것입니다. 그러니

행동을 조심해주세요.”

나는 아무 생각 없이 부인에게 들은 장소를 치웠을 뿐이었지만 가난신의 가르침을 통해 그 장소를 치우는 것이 얼마나 가치 있는 일인지 알았다.

“아무 생각 없이 한 일이지만 그렇게 깊은 뜻이 있었군요. 이제는 조심할게요. 그 외에 주의해야 할 다른 일이 있나요?”

“있고말고요. 먼저 최근의 당신은 내면의 소리에 충실하게 되었습니다. 이점도 상당히 위험한데요…. 마음의 소리는 되도록 덮어두고 표면적인 것에 충실하게 사는 것이 불행에 이르는 확실한 방법입니다. 마음을 밖으로 드러내는 것은 소망과 바람을 간단하게 이뤄버리는 위험한 효과가 생깁니다. 사람들 앞에서는 되도록 꾸미고 속여서 좋은 모습만 보이도록 하세요. 발꿈치를 들어 자신을 애써 과장되게 보이는 것입니다. 결코 약한 구석이나 내면의 마음을 보여서는 안 됩니다. 이점은 상당히 주의가 필요한 것이어서….”

전에 일어난 일에 바로 이런 의미가 있었던가. 그러고 보니 나는 짧은 시간이었지만 부인에게 약점을 다 드러내고 내 안의 마음을 전했다. 그것을 계기로 솔직하다는 칭찬을 받았고 결과적으로 유익한 조언을 얻게 되었다. 또 그것에 머무르지 않고 실질적인 매출로도 이어져 상사에게 인정도 받았다.

나의 실력으로 얻은 것이 아니라 여겨 그다지 마음에 두지도 않았지만 매우 중요한 요소인 듯했다.

"가난신 선생님, 내면의 소리는 전하지 않는 것이 좋다는 거군요. 알겠어요."

"그렇습니다. 마음의 소리는 숨기면 숨길수록 무엇을 생각하고 있는지 상대방은 모르게 되니까요. 사람의 사귐에서 오해를 불러일으키고, 관계의 파멸을 위해서도 가장 효과적인 방법입니다. 당신의 구제불능 남편과의 관계도 한번 되돌아 생각해보세요. 서로가 마음을 전하지 못하는 관계가 될수록 푸념과 불평불만이 드리워져 스트레스도 점점 늘어가지는 않았는지요? 그런 심리적인 스트레스의 영향으로 남편의 말수도 줄고 행동도 무기력해져 돈도 잘 못 버는 가난한 상황으로 박차를 가할 수 있기 때문입니다."

가난신의 말을 들으니 나의 마음속에 여러 생각이 줄을 이었다. 이제껏 내가 해온 것들로 인해서 기대와 다르게 결과적으로 모두 틀어진 것을 이제야 깨달았다.

나는 항상 마음을 숨기고 표면적으로 살아온 것이다. 다른 사람들에게 잘 보이려고 꾸미는 일이 많았다. 옷가게에서 일하게 된 계기도 외양에 관심이 많아서였고, 조금이라도 멋지게 보이도록 연출하며 살아왔다. 하지만 화려하게 치장을 하고 싶은 마음과는 반대로, 내면에는 늘 갈등이 도사리고 있었다. 그 내면의 심리 상태가 표현된 듯이 방도 황폐해져만 갔다.

"돈을 모으는 것도 마찬가지 입니다. 자신의 마음부터 금전적인 부분까지 밖으로 새지 않도록 해주십시오. 그 점을 잊지 말고 '나는 어떤 것도 내보내지 않는다'는 것을 매일 입으로 외우세요. 반드시 매일 반복해서 말로 해주세요. 그렇지 않으면 행복이란 것이 들어와 버릴 가능성이 있으니까요. 지금부터는 일절 타협하지 않고 불행을 향해 박차를 가해야 합니다."

가난신은 이 말을 끝으로 비실비실 벽장으로 들어가 버렸다. 왠지 가난신이 밖으로 나올 수 있는 기회가 줄어든 것 같았다.

"흐음…. 조금 전 가난신의 말을 반대로 하면 '나는 전부 내보낸다'인가. 마지막 말도 거꾸로 하면 기분 좋아지는 말이네. '지금부터는 일절 타협하지 않고 행복을 향해 박차를 가해야 합니다'라고 써두자."

나는 전부 내보낸다…. 가난신의 말을 반대로 적으며 입으로 중얼거리던 나는 마음이 술렁대는 것을 느꼈다. 그것은 공포심이나 불안이 소용돌이치는 감정이었다. 뭐라고 표현할 수 없는 기분을 느끼며 나는 잠시 수첩에 적힌 말을 하염없이 바라보았다.

| 공간심리상담가의 해설 |

행복은 서로 생각하고 사랑하는 것

가난신의 가르침을 반대로 행하자 행운신이 모습을 나타내는 횟수가 점점 늘어갔습니다. 2장에서 가난신은 '인간은 마음과 현실의 상태에 모순이 없을 때 행복감을 맛보게 된다'고 말했습니다.

행복의 기본은 서로 생각하고 사랑하는 것. 일방통행이 아니라 쌍방통행이라는 말입니다. 잘 정리하지 못하는 사람일수록 내향적이어서 타인과 솔직하게 마음을 터놓고 소통하는 것을 피하는 경향이 있습니다. 그것이 극단으로 향하면 우울한 상태에 빠지게 됩니다.

이처럼 우울한 상태에서는 신경세포(뉴런과 시냅스)의 정보전달도 일방통행으로 이뤄진다는 사실이 최근의 뇌과학 연구에서 밝혀졌습니다. 반대로 말하면 일방통행의 정보전달이 쌍방향으로 행해지도록 개선하면 우울 상태도 개선된다는 연구결과도 있습니다.

뇌과학의 관점에서 보아도 정상적인 정보전달의 기본 원칙은 쌍방향인 것. 즉 서로 생각하고 소통하는 것이 중요하다는 것이지요.

가난신의 수업을 듣기 전의 유카 씨는 행복만 추구했었습니다. 하지만 가난신에게 불행에 관한 수업을 듣고 불행을 이해할 수 있게 되자 그와 반대 개념인 행복에 관해서도 더욱 본질적인 이해를 할 수 있게 되었습니다.
세상 모든 일은 동전의 양면과도 같습니다. 겉이 있으면 안이 있고, 삶이 있으면 죽음이 공생합니다. 우리들은 사는 것을 당연하다 여겨서 하루의 가치를 등한시하기 쉽지만 죽음을 의식하고 사는 사람, 즉 인생의 남은 시간을 명확하게 아는 사람은 매일 살아간다는 것의 가치를 되새기며 보낼 수 있을 것입니다.
세상의 모든 인간사는 쌍방향으로, 서로 생각하고 소통하는 자세가 기본으로 자리 잡아야 모든 일에 발전과 번영이 있습니다. 매사를 쌍방향의 시점에서 객관적으로 파악할 수 있도록 다음의 질문에 대답해보세요.

Ⓠ 안 좋은 상태였다가 반대로 잘 풀린 경험이 있습니까?

예) 손님에게 불쑥 고민 상담을 했다가 반대로 솔직한 사람이라는 인상을 주어서 물건을 팔 수 있었다.
가난신이 나타났을 때부터 오히려 행복이 커져만 갔다.

★ 마음을 소중히 여기자 스스로에게 거짓이 없어졌다

가난신은 내면의 소리를 드러내지 말고 표면적으로 꾸미고 살아가는 것이 불행의 원칙이라고 말했습니다. 마음을 드러내지 않는다는 것은, 말을 바꾸면 나에게 거짓으로 대한다는 것입니다, '거짓은 도둑질의 시작'이라는 말이 있듯이, 스스로에게도 거짓으로 일관하다 보면 마치 도둑처럼 무언가를 빼앗는 에너지가 강해지는 현상이 마음속에 일어나게 됩니다.
상대에게 보상받고 싶다, 인정받고 싶다, 보살핌을 받고 싶다, 원한다, 바란다….
이러한 내면을 숨기고 살면서 자신의 솔직한 욕구를 채울 수 없게 되면, 그것의 반작용으로 타인과 외부에 무언가를 요구하게 됩니다. 그 결과 상대에게서 에너지를 빼앗는 나를 만들어가는 것입니다.
물론 인간관계나 업무적인 부분에서 어느 정도 속마음을 숨기고 표면적으로 좋은 관계를 유지하는 것은 중요하기도 합니다. 어떤 경우라도 마음이 시키는 대로 하는 것만이 반드시 좋은 결과를 낳는 것은 아닙니다. 그러나 표면적인 요소가 소통의 기준이 되어버리면, 자신이 진심으로 중요하게 생각하는 것을 잃고 바라지 않던 판단을 반복하기 쉽습니다. 나답지 않은 판단을 반복하는 것이 엉망으로 어질러진 집으로 나타나는 경우도 적지 않습니다.
이제부터 한 번쯤 당신의 방을 내면의 각도에서 파악해보세요. 여러분의 집에 당신의 마음이 어떻게 표현되었는지 객관적으로 느껴보는 것입니다.
지금부터 당신의 집 전체를 조망하며 다음의 질문에 대답해보세요.

Ⓠ 여러분의 집에 당신의 내면이 얼마나 표현되어 있습니까?

예) 가지고 있는 많은 책 중에 좋아하는 내용의 책은 극히 일부이다.
소박한 수납장을 샀지만 사실은 좀 더 예쁜 것을 사고 싶었다.

★ 일관된 자기표현은 행복을 키운다

'웃으면 복이 온다'는 말은 행복해서 웃는 것이 아니라 웃으니까 행복이 굴러들어온다는 뜻입니다. 그 점을 명심하며 지금까지 유카 씨가 겪어온 과정을 되짚어 보도록 합시다.

가난신과 만나기 전과 후, 유카 씨의 행동에 한 가지 명확한 차이가 보입니다.

'세상에서 가장 불행한 사람이 되겠어!'라고 빈정대며 비뚤어져만 가던 유카 씨는 항상 뭔가를 무리해서 집어넣으려는 입력(input)에만 집중하고 있었습니다. 하지만 가난신을 만나면서 출력(output)을 주체로 한 행동으로 변해갑니다.

저는 집을 정리하지 못하는 사람들을 상담하면서, 그런 사람일수록 다른 사람을 너무 신경 쓰거나 타인에게 맞춰 의사결정을 하는 경향이 많다는 사실을 알게 되었습니다.

내면의 소리에 따라 자기표현을 하는 것이 아니라, 타인에게 이끌려 자기표현을 하는 사람일수록 제대로 정리를 하지 못하는 상황이 나타나기 쉽습니다. 이유는 자기표현이 한결같지 않기 때문입니다. 가족 앞에서, 직장에서, 친구 앞에서의 모습이 상황에 따라 달라지고, 자신을 제대로 드러내지 못합니다. 이러한 일관성 없는 자기표현은 사고도 산만하게 만들어 버립니다.

그러므로 자기표현을 일관되고 분명하게 할 수 있다는 것은 정리된 삶을 창조하기 위한 가장 중요한 열쇠가 됩니다.

외부에서 얻은 생각으로 자신을 맞춰가는 것이 아니라, '내가 이상적으로 여기는 나의 모습은 무엇인가?'라는 질문을 끊임없이 던지고 그 해답대로 자기표현을 해나가면 삶은 점점 더 빠르게 정리되어 갈 것입니다. 그러면 다음의 질문에 대답해보세요.

Ⓠ 당신이 생각하는 이상적이고 일관된 자기표현은 무엇입니까?

예) 좋은 것은 좋다고, 싫은 것은 싫다고 확실하게 말한다.
타인을 신경 쓰지 않고 '기쁘다! 슬프다!'라고 자연스럽게 표현한다.

행운신과 서로 생각하고 사랑하게 되다

가난신이 반드시 항상 되새기라고 했던 말을 반대로 만든 것이 나의 머릿속에서 떠나지 않았다.

'나는 전부 내보낸다?'

이 말을 몇 번이고 반복해보았다. 그때마다 가슴 한구석에서 위화감이 일었다. 하지만 '지금부터 일절 타협하지 않고 행복을 향해 박차를 가해야 한다'는 다짐을 하면서 위화감이 일더라도 반복해서 입 밖으로 되뇌어 보았다.

'전부 내보낸다, 라는 건 뭔가 두려운 마음도 드는데…. 내 안의 것이 다 없어질 것 같은 느낌이 들어….'

말로는 전부 내보낸다고 외치면서도 마음속으로는 내보낸다는 것이 두려웠다. 나는 혼자서 몇 번이고 소리를 내어 읽으면서도 속으로 갈등을 반복하고 있었다. 그러자…,

"빨리 나가게 해줘!"

갑자기 귓가에서 비명소리가 들려왔다.

"뭐야? 고막이 찢어질 것 같아!"

놀라서 뒤를 돌아보자 행운신이 있었다.

"아까부터 전부 내보내 준다며. 나도 어서 이 집에서 나가게 해 달라고! 모두 내보내 준다고 했잖아!"

장난기 가득한 얼굴을 한 행운신이 바로 옆에서 나를 바라보고 있었다.

"아, 행운신! 늘 불쑥 나타나는구나!"

아무도 없다고 생각해서 소리 내어 반복하고 있었는데 아무리 행운신이라고 해도 내 말을 듣고 있었다고 생각하니 너무 부끄러웠다.

"사실은 빨리 내보내 달라는 건 농담이야! 요즘엔 조금 재미있어졌거든. 혼자서 '나는 전부 내보낸다!'라고 반복하는 것도 재밌고 말야. 맞아, 집도 좀 변한 것 같고, 왜 그러는 거야? 응?"

평소와 다르게 행운신이 눈을 반짝이며 나에게 물어왔다.

"아니, 뭐. 요즘 심경에 변화가 생겨서랄까…."

행운신의 천진난만한 기세에 눌려 나는 에둘러 대답했다.

"그래? 처음에는 유카가 전혀 흥미가 없었는데 요즘에 재미있어져서 좀 신경을 쓰고 있었다고! 나는 재밌어 보이는 사람이 너무 좋아! 같이 놀고 싶어졌어!"

예상외의 반응이었지만 행운신이 나에게 흥미를 가지기 시작했다. 이것은 행운의 징조일까.

나는 가난신의 가르침을 반대로 실천하는 일에 집중한 나머지 잠시 동안 행운신은 잊고 있었다. 하지만 지금 행운신 쪽에서 친히 접근해 와서 나와 함께 있기를 원한다. 이제까지 볼 수 없었던, 행운신이 나에게 흥미를 보이는 모습에 자연스레 대화가 오가게 되었다.

"행운신아, 그럼 처음에는 나에게 전혀 흥미가 없었는데 지금의 나에게는 흥미를 가지게 되었다는 말이야?"

"나는 말이야. 재밌고, 밝고, 반짝이는 것을 좋아해! 요즘에 집도 밝아졌잖아! 이곳에 처음 왔을 때는 아주 엉망이었는데 반짝거리는 곳도 많아지고 좋은 향기도 나고! 그리고 있지…, 왠지 요즘 집이 행복해 보이잖아!"

최근에 청소와 정리를 한 것이 행운신에게도 좋은 영향을 주었다는 것이 놀라울 따름이다. 다만 마지막 말은 무슨 뜻인지 이해가 되지 않았다.

"저, 행운신아, 집이 행복해 보인다는 말은 무슨 말이야?"

나는 신경 쓰이는 부분을 솔직하게 물어보았다.

"무슨 말이냐니? 내가 집하고 얘기를 할 수 있으니까 하는 말이지! 이제껏 쭉 방치되어 있었지만 요즘 잘 관리해줘서 너무 기

쁘다고 하더라고! 그렇게 집이 기뻐하다니, 행복해하는 집이 나는 너무 좋아!"

우리집이 행운신과 대화를 나눴다. 현실적으로 믿기 어려운 말이었지만 확실히 방치해둔 것은 사실이었다.

하지만 요즘 들어 기뻐하고 있다는 말을 들으니 솔직히 나도 기뻤다.

"행운신아, 우리집이 그렇게 말했나 보구나. 고마워! 집이 다른 말은 안 해?"

행운신이 집과 얘기를 나눌 수 있다면 다른 얘기도 했을지 모른다. 우리집이 평소에 무슨 생각을 하는지 알고 싶어졌다.

"맞아! 집이 계속 슬펐다더라고. '집이 더러워! 이런 집은 정말 싫어!'라고 늘 얘기했다며? 여기 살고 있는 유카가 지저분하게 해놓고 집이 잘못한 건 없는데 정말 너무 심했어! 집은 언제나 유카를 소중하게 생각하고 있었어. 유카를 좋아해서 함께 있는 것만으로 아주 기뻐한다고. 유카가 이곳에 살기로 한 날부터 쭉 유카가 행복하기를 지금도 계속 빌고 있대. 하지만 유카는 그런 집에게 눈길 한 번 주지 않고 밖으로만 돌아다니며 관리도 안 해주고 불평만 늘어놓더니 어지르기만 했다고. 집이 혼자서 좋아하는 것 같다고 느낀다니 너무 불쌍하잖아!"

행운신의 말을 듣고 보니 마음이 아팠다. 당연한 말이지만 사람과 집은 얘기를 나눌 수 없다. 때문에 집에 대해 이것저것 생각해 본 적도 없었다. 하지만 행운신이 들려준 집의 기분을 들으면서 집에게도 사람과 같은 기분이 있다는 것을 깨달으면서 이제껏 왜 이렇게 일방적인 나쁜 관계 방식을 만들어왔는지 스스로 한심하게 느껴졌다.

"행운신아, 고마워. 우리집이 그렇게 생각하고 있었다는 걸 알려줘서…. 지금까지 집에 대해 아무런 생각도 하지 않은 내가 한심하게 느껴지고 집한테 정말 미안하네…. 이제부터 내가 집을 어떻게 대해야 기뻐해 줄까…?"

말을 하면서 집의 심정을 생각하니 마음이 울컥했다. 우리집은 늘 고독했는지도 모른다. 그 순간, 가난신의 말이 머릿속에 소용돌이쳤다.

"불행의 대원칙은 고독에 의해 성립됩니다."

내가 이 집에 살아서 집은 외로움을 느끼며 불행해졌다는 말인가. 집을 행복하게 해줘야겠다는 생각이 들었다.

"집은 유카가 웃는 얼굴로 매일 즐겁게 보내기를 바라고 있어! 유카가 행복하게 살아가는 모습을 보는 것이 집이 가장 기뻐하는 거야. 단지 조금 더 바랄 것이 있다면 매일 조금이라도 좋으니 자신에게 신경 써줬으면 하는 것 같지만 말이야. 하지만 요즘엔 유카가 잘하고 있는 것 같은데! 그게 엄청 기쁜 것 같더라고!"

내가 행복하게 살아가는 모습을 보는 것이 집이 가장 기뻐하는 것이라니. 그리고 집이 기뻐하는 모습을 보고 행운신이 이렇게 좋아하다니. 내가 집에 조금 더 신경 쓰는 것이 행운신의 기쁨과도 직결되는 것인지도 모른다.

이제껏 나는 집과 줄곧 일방통행의 관계를 이어온 것이다.

'고독한 일방통행'

가난신이 얘기한 불행의 법칙이 다시 머릿속을 휘저었다.

"행운신아, 정말 고마워. 우리집이 나의 행복을 소망한 것처럼 나

도 조금 더 집에 신경 써서 집이 행복해지도록 할 거야. 아, 맞다! 지금 얘기한 걸 우리집에게 전해줄래?"

내가 그렇게 말하자 행운신은 얼굴 가득 웃음을 지었다.

"응, 알았어! 그렇게 전할게. 집이 아마 굉장히 기뻐할 거야! 그렇게 상상하는 것만으로도 나도 즐거워지는걸! 그럼 난 전하러 갈게. 안녕!"

행운신은 다시 모습을 감췄다.

너무 정신이 팔려 대화를 한 탓인지 메모하는 것도 잊고 있었다. 하지만 이번 일은 언제까지고 잊지 않을 거라는 확신이 설만큼 마음 깊숙이 새겨졌다.

| 공간심리상담가의 해설 |

행운신이 좋아하는 집 만들기

유카 씨는 어떤 것과도 일절 타협하지 않고 행복을 향해 박차를 가하기 위해 '나는 전부 내보낸다'라는 말을 반복해 되뇌었습니다. 그 결과 행운신이 나타나 얼굴을 마주하고 얘기를 나눌 기회도 가질 수 있었습니다.

제가 평소 심리 상담을 하면서 행복을 느낄 수 없는 사람들의 살아온 과정을 들어보면, 자신의 행복을 타협해온 결과 현재의 상황에 불만족하는 경우가 적지 않습니다.

유카 씨는 행복해지기 위해 일절 타협하지 않을 것을 맹세했습니다. 그것은 내면에서 우러나온 솔직한 마음이기도 합니다. 그러자 행복을 상징하는 행운신도 다가오게 되었습니다. 마음속으로 다짐함으로써 엇갈렸던 내면의 톱니바퀴가 잘 맞물려 그녀가 본래 원하던 방향으로 진행되는 속도가 더욱 빨라지게 되었습니다.

결정해서 끊는다는 의미로 '결단(決斷)'이라는 단어가 있습니다.

웬만해선 물건을 버리지 못하는 사람일수록 결단력이 부족한 상태인 것입니다.

물건을 방치해두는 것의 본질은 버리는 문제에 있는 것이 아니라 결단의 문제에 있다고 해도 과언이 아닐 것입니다.

가난신의 수업을 받기 전까지 유카 씨에게는 '내가 원하는 건 무엇인가?'라는 명확한 기준이 정해져 있지 않았습니다. 자신의 인생에 대한 명확한 기준이 없기 때문에 그에 따른 판단이 서질 않고, 언제나 타인이나 외부의 영향을 받아 판단을 내리는 일을 반복해왔습니다.

무엇을 어디에 되돌려놓아야 하는지 기준이 정해져 있지 않으면 정리를 하기 힘든 것처럼, 인생도 분명한 기준이 없으면 언제까지고 발전은커녕 정체되어버리고 말 것입니다.

그러므로 인생의 기본 축을 명확히 하면서 더 나은 미래로 나아가기 위해서 다음의 질문에 답해보시기 바랍니다.

Ⓠ 당신의 어떤 모습이 당신을 행복하게 만듭니까?

예) 내면의 소리에 충실하며 원하는 미래를 향해 착실히 나아가는 모습.

언제나 웃음을 잃지 않고 주변 사람들과의 관계에 감사하며 사는 모습.

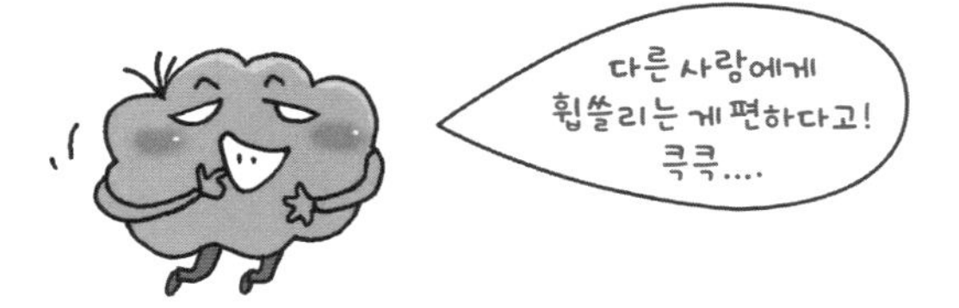

★ 집을 사랑하니 행운신이 기뻐하다

유카 씨는 집과 대화를 나눌 수 있다는 행운신의 말을 듣고 평소에 특별히 의식하지 않았던 집의 기분을 알게 되었습니다.

집에도 혼이 깃들어 있다는 생각, 즉 방이나 물건, 세상의 모든 것들에 혼이 존재한다는 생각은 일본인 특유의 신도(神道) 사상이기도 합니다.

예전에 이치로 선수의 경이적인 능력의 비밀을 뇌과학의 관점에서 파헤치는 다큐멘터리 프로가 있었습니다. 메이저리그에서 활약한 이치로 선수는 야구를 시작한 때부터 자신이 쓰던 도구를 소중하게 관리하며 사용했다고 합니다. 신체의 일부처럼 느껴질 정도인 배트를 비롯한 도구에는 이치로 선수의 신경이 확장되어 있다는 점에서 도구 그 자체도 이치로 선수라고 볼 수 있다는 결론을 내린 적이 있습니다.

저는 정리를 잘 못하는 사람들과 수없이 상담해왔지만, 모두가 집이 '더럽다', '잘 치우고 싶다', '깨끗하게 정리하고 싶다'라고는 하면서도 유감스럽게도 집을 '소중히 여기고 싶다', '좋아하고 싶다', '애정을 쏟고 싶다'라고 대답하는 사람은 없었습니다.

한편 물심양면으로 행복하게 살고 있는 사람들의 공통점은 자신의 집을 소중히 여기고 매우 좋아하며 언제나 애정을 쏟고 지낸다는 점입니다. 다시 말해 집과 서로를 생각하고 사랑하는 관계였습니다.

행운신은 집이 기뻐하며 행복해하는 것을 매우 좋아합니다. 그래서 집을 정리하고 깨끗이 하는 관점으로 바라보는 것이 아니라 '집을 행복하게 해준다'는 관점으로 임할 때, 여러분이 무엇을 해야 할지 저절로 보일 것입니다.
집에 애정을 쏟을 수 있는 관점을 갖기 위해 다음의 질문에 대답해보세요.

Ⓠ 집을 행복하게 해주는 방법은?

예) 정기적으로 걸레질을 해서 청결하게 다룬다.
불필요하게 가지고 있는 물건을 줄여 부담을 없애준다.

★ 공통 인식을 늘리면 행복은 계속 커져간다

유카 씨는 가난신의 가르침을 반대로 실천하는 일에 몰두하다가 잠시 동안 행운신을 잊은 채로 지냈습니다. 하지만 그것이 결과적으로 행운신 쪽에서 접근해오는 결과를 만들게 되었습니다.
유카 씨와 행운신 사이에 '공통 인식이 늘어간다'는 것이 여기에서 말하고자 하는 핵심입니다.
이제까지의 과정에서 유카 씨가 하나하나 실천해온 것이 행운신이 소중히 여기는 가치관과 일치했기 때문에 행운신은 공통 인식을 느끼고 유카 씨에게 접근해온 것입니다.
반대로 얘기하면 지금까지의 유카 씨는 가난신과의 공통 인식이 많았기 때문에 가난신이 기뻐하며 유카 씨에게 접근해왔다는 말이겠지요.

이것은 좋은 파트너십을 쌓는 비결이기도 합니다. 더욱이 인생을 언제까지고 함께 하고 싶은 사람과는 서로가 소중히 여기는 가치관과 사고방식이 일치할수록 길게 지속될 수 있습니다.

행복한 사람들은 다른 사람의 좋은 점을 보고 항상 기쁨과 감사의 표시를 하며 웃음과 행복을 나누는 동료로서 함께 살아갑니다.

여러분의 행복이 지속되기 위해서 다음의 질문에 답을 해보시기 바랍니다.

Q 당신이 매력적이라고 느끼는 사람들의 공통점은 무엇입니까?

예) 항상 활기차고 매사에 즐거워한다.

물건을 소중히 다루면서 다른 사람들을 항상 배려한다.

5장.
행복해지는 용기

행복에 선택되다

행운신에게 우리집의 기분을 전해들은 나는 집과의 관계에 커다란 변화가 생겼다.

지금까지는 단순히 '잘 치워야겠다'고 생각했을 뿐이지만 여태껏 고락을 함께한 우리집을 더욱 행복하게 해줘야겠다는 생각이 들었다. 아니, 지금까지는 고생만 함께 나누고 살았다고 하는 것이 맞을 것이다. 그래서 이제부터는 즐거움을 함께 공유하고 싶다는 생각이 들었다.

'어떻게 하면 우리집이 기뻐해 줄까?'

그렇게 골몰하다 보니 집에 대한 생각도 바뀌어 갔다.

나는 그날 이후 집을 향해 "다녀오겠습니다!"와 "다녀왔습니다!" 같은 인사를 하게 되었다. 이러한 인사가 항상 나를 지켜준 집에게 내가 매일 할 수 있는 애정 표현이라고 생각했기 때문이다.

무엇보다도 그렇게 하면 내 기분도 매우 좋아졌다.

예전에는 나에게 있어 집이란 단순히 잠자는 곳에 불과했다. 하지만 그저 그런 집이라고 여겼던 것과의 관계를 새롭게 형성하자 집과 마음이 통하는 기분이 들었다. 그러한 과정을 통해 내가 나의 마음을 소중히 다루는 느낌이었다.

그 후로 가난신은 아직 밖으로 나오지 않았다.

그리고 드디어 내일이 행운신과 가난신을 만난 지 정확히 3주가 되는 날이다. 결계도 내일 풀릴 것이다. 그런 생각에 이르자 뭐라 표현할 수 없는 기분에 휩싸였다.

지난 시간을 돌아보니 이제까지의 인생에서 느낄 수 없었던 특별한 나날이었다. 짧은 시간이었지만 일생 동안 기억에 남을 충실한 시간이었다.

'내일이 되면 어떻게 될까…. 조금은 두근두근한 걸. 하지만 어떻게 되더라도 그건 그것대로 괜찮다고 여기자.'

행운신이 갑자기 나타났을 때는 그 기회를 잡아서 놓치지 않으려는 마음뿐이었다. 그렇게 하는 것이 내가 행복해지는 길이라고 생각했기 때문이다.

하지만 지금은 그런 생각을 하지 않기로 했다. 행운신이 여기에 살고 싶다면 그래도 좋고, 다른 곳으로 가고 싶다면 억지로 막지도 않을 것이다. 그렇게 하는 것이 행운신에게 행복할 거라는 생각이 들어서이다.

히로키도 깊이 잠든 캄캄한 밤에 나는 거실에서 잠들 수 없는 밤을 보내고 있었다. 홍차를 마시며 집을 둘러보니 지금까지의 일들이 주마등처럼 스쳐 갔다. 약 3주간의 시간 동안 극적인 변화가 일어난 것도 아니다. 하지만 우리집도, 나도 확실히 변했다는 것은 틀림이 없다.

'행운신은 천진난만하고 귀엽지만, 가난신도 없으면 없는 대로 조금은 쓸쓸하긴 하겠어. 조금 이상한 기분이긴 하지만, 이래저래 나에게 좋은 선생님이었으니까.'

처음에는 가난신을 쫓아내려고 했던 나였지만 나타날 때마다 확실하게 약해져 가는 모습을 보니 왠지 불쌍한 마음도 들었다.

'아무리 생각해도 어쩔 수 없는 일이지 뭐. 오늘은 그만 자자. 되는대로 받아들일 수밖에 없지.'

나는 이제까지의 일들을 한참 생각한 후에 집에게 잘 자라는 인사를 하고 잠이 들었다.

그리고 다음 날이 되었다.

작은 새의 지저귐에 나는 저절로 눈이 떠졌다. 마침 아침 해가 떠오르는 순간이었다. 나는 오늘도 평소처럼 일을 하러 나가야 했다. 가난신이 나오는 것은 해가 지고 난 후일 것이다. 행운신은 아침,

점심, 저녁 상관없이 아무 때고 나타난다.

'행운신은 어디서 뭘 하고 있을까? 가난신은 여전히 벽장에 있을까? 조금은 걱정이 되지만 이제 그만 일하러 나가야겠어. 그럼 우리집아, 오늘도 잘 다녀올게.'

오늘 아침 행운신은 나타나지 않았다. 결계가 풀려서 이미 나가버렸는지도 모른다. 걱정은 되었지만 어쩔 수 없는 일이어서 나는 직장 일에 전념하기로 했다.

최근 회사 일은 아주 순조로웠다. 그렇게 싫어했던 점장과도 매우 사이가 좋아졌다. 예전에 아침 일찍 출근해 일을 조금 도와줬던 것이 계기가 되어, 그 이후로는 나도 조금 일찍 출근해서 같이 일을 하게 되었다.

점장을 도우면서 넌지시 얘기를 나눠보니 이제껏 알지 못했던 그녀를 점차 알아갈 수 있었다. 그동안은 그녀의 싫은 면만 봐왔지만 알고 보니 그녀는 직장인으로도, 인간적으로도 매우 존경할 부분이 많은 사람이었다.

이제 회사를 그만둘 생각은 하지 않게 되었다. 무엇보다도 매일 성실하게 일을 해서인지 개인 실적도 점점 올라갔다. 그와 동시에 매장의 실적도 오르자 머지않아 월급도 오를 거라고 점장이 귀띔해주었다.

오늘 일을 마치면 다시 이틀간의 연휴이다. 내일은 오랜만에 히로키와 1박 2일로 온천 여행을 가기로 했다.

남편과 이혼하겠다고 그렇게 벼르던 나였지만, 히로키와 깊게 얘기를 나눈 후로 마음이 바뀌었다. 그가 크게 능력은 없어도 나를 위해서 언제나 여러 가지로 배려하고 있었다는 것을 깨달았기 때문이다.

이번 여행은 보너스를 받아서 가는 것이 아니라 드물게도 히로키가 운이 좋아서 갈 수 있게 된 것이다. 독신인 동료가 친구 결혼식 피로연에서 커플 온천 여행권을 따냈는데, 자신은 혼자이니 히로키에게 부인과 함께 가라고 주었다고 했다.

나도 요즘은 세미나에 갈 필요성을 느끼지 못해서 같이 다니던 지인들도 연락이 없었고 지출도 줄어들었다. 월급이 오른 것은 아니지만 지출이 줄어든 결과, 전보다 조금은 여유가 생겼다. 무엇보다도 쫓기듯 뭔가를 해야 하거나, 마음에 없는 사람들과 만나서 술을 마시거나, 행사에 몰려다니거나 하는 일이 없이 나의 내면에서 시키는 대로 선택을 하게 된 것이 나에게 일어난 커다란 변화였다.

최근에는 직장 일도, 히로키와의 관계도, 개인적인 일도 서서히 흐름이 좋아지기 시작했다는 느낌이 든다. 이전 같은 정체감은 없어졌고 매일 탄력이 생겨 하루하루가 즐거워졌다.

오늘도 기분 좋게 일을 마친 나는 내일 떠나게 될 여행 준비를 하기 위해 집으로 향했다.

히로키보다도 내가 더 온천 여행이 가고 싶어졌다.

"집아, 다녀왔어! 오늘도 아주 좋은 하루였어!"

집에 돌아온 나는 가방을 두기 위해 그대로 내 방으로 향했다. 콧노래를 부르며 방문을 힘차게 열자 눈앞에는 몹시 난처한 표정을 짓고 있는 가난신이 있었다.

"앗, 가난신 선생님! 나오셨군요. 계속 보이지 않아서 무슨 일이 있나 걱정했었어요."

이 말은 진심이었다. 요즘 며칠은 가난신도 이래저래 걱정이 되었기 때문이다.

"그러셨군요…. 저는 걱정 마세요. 금방 좋아질 테니까요. 다만 걱정되는 것은 오히려 당신이지요…."

"그게 무슨, 무슨 말이지요?"

내가 다가서며 말을 들으려 하자 가난신은 뒤로 물러서며 나와 거리를 두며 말했다.

"당신은 그동안 못 보던 사이에 행복으로 가득 찬 표정을 짓고 있지 않습니까. 잘못해서 다가서면 행복한 에너지를 저에게 방출할지도 모릅니다. 오늘은 조금 거리를 두고 얘기를 나누도록 합지요…."

"가난신 선생님, 알겠어요. 오늘은 이 이상 가까이는 가지 않을게요."

거리를 두고 말을 이어가던 순간,

"응? 오늘은 아저씨도 있네! 오랜만이에요!"

어디선가 불쑥 행운신이 나타났다.

"뭐야, 뭐야! 뭐 하고 있는 거야?"

행운신은 눈을 반짝이며 흥미진진한 얼굴로 나를 바라보았다.

"아! 행운신아, 가난신 선생님과 얘기를 나누고 있었어…."

분위기를 전혀 눈치채지 못한 행운신을 생각해서 상황을 설명했다. 그러나….

"뭐? 할아버지가 선생님이었어? 와! 대단해! 무슨 선생님인데? 궁금해! 응? 그러고 보니 무슨 얘기를 하는데 그렇게 떨어져

있어? 유카, 이상해! 좀 더 가까이 와서 얘기해!"

"아니, 그건, 저기…."

논리가 통하지 않는 상대에게 설명을 하는 것만큼 곤란한 경우는 없을 것이다. 행운신에게 뭐라고 설명을 하면 좋을지 몰랐다. 그렇게 생각만 하고 있을 때 가난신이 입을 열었다.

"아니, 이건 행운신님! 이게 얼마 만입니까…. 제가 몸이 좀 안 좋아서 유카 씨와 떨어져서 있는 것입니다요. 그건 그렇고, 결계는 이미 없어졌는데요. 당신은 이미 자유의 몸입니다. 이 집에서 나가고 싶어 했잖아요. 자, 지금이라고 어서 나가시는 게 어떨는지…."

가난신이 행운신과도 멀리 떨어져 힘없이 말을 하자,

"아, 결계가 벌써 없어졌구나! 하지만 나는 아직 여기에 있고 싶어! 이 집도 너무 좋고, 유카와 같이 있으면 즐거워!"

아무 생각 없이 얘기하는 행운신의 말을 가난신은 난처한 듯 듣고만 있었다. 하지만 행운신이 이 집에 있고 싶다고 한 것은 솔직히 기쁜 일이었다.

그러자 가난신은 힘을 쥐어짜듯 강한 어조로 말했다.

"행운신님, 당신에게 중요한 것을 전달하지 않으면 안 되겠군요. 마음 약한 유카 씨의 입으로는 말하기 힘든 일이겠지요. 그러나 이 점은 확실히 해두는 것이 좋겠습니다. 솔직하게 말해두지

만 유카 씨는 당신과 함께 지내길 원치 않습니다.”

평소와는 다르게 가난신이 단도직입적으로 말해버렸다. 행운신은 금방 눈물을 글썽였다.

“유카, 그렇게 생각했어? 너무해! 난 지금까지 한 번도 그렇게 생각한 적 없었는데…. 너무 슬퍼. 요즘처럼 즐겁게 얘기 나눈 거, 다 거짓이었어? 나빠! 왜 나한테 거짓말을 한 거야? 응? 왜 그랬어?”

감정이 풍부한 행운신은 눈물을 머금고 나에게 물었다.

하지만 가난신과의 사이에서 이러지도 저러지도 못하게 된 나는 뭐라고 해야 좋을지 몰라서 아무 말도 못 하고 있었다.

“유카 씨, 왜 입을 다물고 계십니까요? 이제 당신의 입으로 확실하게 말하세요. 나는 불행해지기 위해서 이제부터 가난신과 일생 동안 함께 살아가겠다고. 그렇게 확실하게 의사 표시를 해두는 것도 필요합니다요!”

가난신의 말에 나는 정신을 차렸다. 나는 정말 거짓으로 꾸미고 있었다. 하지만 그것은 행운신에게가 아니라 가난신에게였다. 가난신과 얘기를 나누는 동안 나는 확실히 성장해갔다. 하지만 그것은 반면교사로 실천해온 결과였다.

처음 만났을 때는 피하고 싶은 존재였던 가난신도 만나다 보니 정이 들었다. 그래서 언젠가부터 가난신도 배려하는 내가 되었다.

"유카, 불행해지고 싶었어? 그런 사람은 별로 없는데…. 하지만 짐은 유카가 불행하게 되는 것을 바라지 않거든!"

행운신의 말이 가슴을 후벼 내 안에서 뭔가가 터져 나왔다.

"가난신 선생님…, 죄송해요! 저… 계속 거짓말을 했어요. 불행해지고 싶다고 한 것, 다 거짓말이에요. 거짓이라고요! 사실은 행복해지고 싶었어요! 하지만 늘 잘 되지도 않고 헛돌고 헛돌다가, 어떻게 해야 좋을지 모르는 상태에서 솔직해지지 못하고 그렇게 말한 것뿐이에요. 나는 행복해지고 싶고 일체의 타협 없이 행복해지기로 결심했어요! 그래서, 그래서…."

불쑥 새어 나온 억눌렸던 감정이 그대로 입에서 넘쳐 나왔다. 하지만 그 말을 막으며 가난신이 얘기했다.

"…유카 씨, 이제 됐습니다요. 당신의 마음을 충분히 이해했습니다. 아니, 전부터 어렴풋이 느끼고 있었다고 하는 게 맞겠지요. 왜냐하면 불행의 신인 제가 행복을 맛봐 버렸으니 말입니다요. 저는 원래 인간들이 몹시 싫어하는 존재입니다. 그리고 저도 그것을 원하고 있지요. 그런데 당신은 나를 싫어하기는커녕 선생님이라 부르며 따라주고, 제 말을 받아 적으며 친절하게 들어주었지요. 그 시점에서 저에게 변화가 생겼습니다. 불행의 신인 제 안에서 행복이 싹트기 시작하는 이변이 일어났습니다. 저는 행복을 느껴서는 안 되는 신입니다. 하지만 당신과 있으면 그것을 느껴

버립니다. 이대로는 제 존재 의식이 사라지게 됩니다. 지금 당신의 말을 들으니 저도 결심이 섰습니다. 당신도 어렵게 속마음을 털어놓았군요. 이제 제가 여기에 있을 이유가 없습니다. 제가 떠나도록 하겠습니다. 하지만 마지막으로 한 가지, 당신에게 드릴 말이 있습니다. 만일 당신이 다시 자신에게 거짓을 꾸민다면 다시 제가 당신 앞에 나타나겠지요. 왜냐하면 '불행'은 자신에게 거짓을 행하는 것부터 시작하고, '가난'은 자신에게 계속 거짓을 반복하면서 커져가는 것이니까요. 이제 이곳을 떠나야 할 시간이 되었습니다. 이만 물러나겠습니다요. 당신과 보낸 시간들은 즐

거웠습니다. 조금은 슬프지만 이 슬픔이야말로 저에게는 꿀맛 같은 것입니다. 언젠가 다시 만날 날을 기대하면서 물러갑니다. 그럼 행복하시길."

그렇게 가난신은 조용히 모습을 감췄다. 불행의 신인 가난신이 마지막에 나의 행복을 빌어준 것은 어떤 의미가 있는 것인지 알 수 없었다.

하지만 나는 순순히 그 말을 받아들이고 벽장을 향해 손을 모아 감사의 마음을 전했다.

| 공간심리상담가의 해설 |

욕구를 조절하는 의지를 키우자

가난신은 마침내 유카 씨 앞에서 모습을 감추어버렸습니다. 유카 씨가 자신의 본심을 솔직하게 밝힌 덕분에 유카 씨의 마음과 현실이 일치한 결과, 자연스럽게 가난신이 떠나게 된 것입니다.

유카 씨는 집이라는 환경을 마주하면서 자신의 내면과도 마주할 수 있었습니다. 이러한 외측과 내측의 양면에서 자신과 마주해가자 내면이 점점 드러나게 되었습니다. 그러자 내면의 애매했던 부분이 사라져가고 '내가 소중히 여기는 것과 어긋나는 일'도 필연적으로 드러나게 되었습니다.

가난신은 마지막에 유카 씨와 거리를 두려고 했습니다. 그것은 함께 있는 것이 마치 에너지가 맞지 않는 느낌이었기 때문입니다. 이 점이야말로 행복을 찾기 위한 매우 중요한 요소입니다.

누구나 행복해지고 싶어도 쉽지 않습니다. 오히려 그렇게 생각할수록 무의식적으로 불행의 요소를 선택하는 경우가 적지 않습니다. 그 이유는 불행으로 기울어져 있는 편이 심리적으로 위안이 될 때가 많기 때문입니다.

사람은 본능적으로 불행한 선택을 하기 쉬운데, 불행한 편이 타인에게 공감받기 쉽기 때문입니다. '나도 마찬가지야. 잘 알겠어.'라는 듯이.

다른 사람의 불행은 꿀맛 같다고 하듯이, 한심한 자신을 연기하는 편이 타인에게 공감과 이해를 직접적으로 얻기 쉽습니다. 인간에게는 인정 욕구라는 것이 있어 누군가가 알아주기 바라거나 다른 사람에게 인정받는 것을 본능적으로 추구하는 심리적 경향이 있습니다.

유카 씨는 가난신에게 정을 느끼게 되었습니다. 어느덧 가난신을 배려하면서 소통을 하게 되었지요. 그런 이유도 가난신이 유카 씨를 항상 인정해주었기 때문입니다. 가난신을 만나기 전까지의 유카 씨는 다른 사람과 비교하고 자신을 책망하며 계속 스스로를 인정하지 않는 반복된 생활을 하고 있었습니다. 그러던 중에 만난 가난신은 유카 씨에게 '당신은 정말 대단합니다'라면서 늘 인정해주었습니다. 그러자 이제껏 충족되지 못했던 유카 씨의 인정 욕구는 비약적으로 충족되기 시작했습니다.

그러나 욕구는 채웠지만 행복을 지향하지는 못했습니다. 욕구는 욕구일 뿐, 배가 고프면 밥을 먹는 것과 마찬가지로 부족한 것을 일시적으로 채운 것뿐이지요. 하지만 대부분의 인간은 욕구를 채우는 것에 농락당해서, 그것을 위해 인생의 대부분의 시간을 허비해버리는 존재입니다.

참된 행복을 얻기 위해서는 욕구에 휩쓸리지 않을 용기가 필요합니다. 욕구에 농락당하는 일 없이! 욕구에 조정 당하지 않도록! 자신을 규제하고 스스로 욕구를 조절해갈 필요가 있습니다. 그러기 위해 필요한 열쇠는 '의지의 힘'입니다. 유카 씨는 자신의 행동을 통해 조금씩 의지를 키워왔습니다. 하나하나 행동해서 확실한 성과를 느껴가다가 마지막에는 '나는 반드시 행복해지겠어!'라는 의지를 확고

히 했습니다. 최후에는 가난신에게 진심으로 원하는 것을 관철시킨 것도 이제껏 축적된 의지가 있었기 때문입니다.

의지는 구체적인 행동을 거듭해가며 강화되는 것입니다. 그리고 집과 같은 환경이나 나 이외의 모든 것에 의지를 반영시켜 가면 다른 힘들도 더해지면서 더욱 더 강화됩니다.

유카 씨가 집을 하나하나 정리하자 집에 유카 씨의 의지가 전해지게 되었습니다. 그 집에 전해진 의지를 행운신이 다시 유카 씨에게 전달해주자 유카 씨는 비로소 내면의 소리를 터뜨리게 되었습니다.

스스로의 의지를 명확히 하고 그것을 키워 주변에 계속 표명해나가는 것. 이러한 단순한 반복이 인생을 바로잡는 방법일 것입니다. 그리고 욕구에 휩쓸리는 인생에서 나의 의지를 일관되게 관철하는 인생으로 탈바꿈하는 것이야말로 더욱 풍요로운 인생을 창조하는 열쇠이기도 합니다.

당신의 의지를 키우기 위해 다음 세 가지의 질문에 대답해보시기 바랍니다.

Ⓠ 당신이 진정으로 원하는 것은 무엇입니까?

예) 조금의 타협 없이 행복해지고 싶다.
솔직한 나를 표현하고 싶다.

Q 그런 당신의 의지를 강화하기 위해 오늘부터 무엇을 할 수 있습니까?

예) 사소한 행복이라도 느낄 수 있는 행동을 한다 (정리 등).

우선 솔직한 기분을 반복해서 말해본다.

Q 당신의 의지를 잊지 않기 위해 어떤 노력이 필요합니까?

예) 나의 의지를 반영할 환경을 만든다.

나의 의지를 강화할 수 있도록 입버릇처럼 평소에 말을 한다.

★ 행복과 불행은 함께 살 수 없다

가난신과 행운신이 대치했을 때 유카 씨가 내면의 소리에 충실하게 행복을 선택하자 가난신은 그곳에 더 이상 있을 수 없게 됐고, 스스로 떠나겠다고 말합니다.

가난신과 행운신은 상반되는 성질의 존재입니다. 한 번쯤 시험해보면 알 수 있지만, 웃는 표정을 짓고 있을 때 불안을 느낄 수 없습니다. 넓은 하늘을 바라보고 있을 때 마음이 답답하기는 쉽지 않습니다. 팔짝거리며 뛰면서 두려움을 안고 가기도 쉽지 않습니다. 물과 기름이 섞일 수 없듯이 불행과 행복이 함께 살 수는 없습니다.

유카 씨가 3주 동안 가장 크게 변화한 것은 '스스로 행복을 선택할 수 있게 된 점'입니다. 작은 것부터 큰 것까지 일상의 사소한 것 중에서 생겨나는, 행복과 불행으로 나뉘는 결단의 순간에 유카 씨는 스스로 행복해지는 길을 선택할 수 있게 되었습니다.

인간은 사소한 일로 하루에도 수만 번 마음이 변합니다. 또한 눈에 보이지 않는 이 마음이란 것은 외부 자극에 반응해서 쉽게 변화합니다. 가령, 여러분은 지금 이 책을 읽고 있는 가운데에서도 읽기 전의 자신과 조금이나마 다른 마음으로 변했을 것입니다.

이 작고 변하기 쉬운 마음을 행복으로 향하게 하려면 내가 나의 든든한 마음의 길잡이가 되어야 풍요롭고 충실한 인생을 설계할 수 있습니다. 집을 치우는 일이나 환경을 정리하는 것은 기분 좋은 감정을 맛볼 뿐 아니라, 변하기 쉬운 마음을 붙잡아주는 장점이 있습니다.

'마음을 이끈다'는 관점에서 유카 씨의 행동을 보면, 그녀가 무의식으로 행한 일이 결과적으로 스스로의 마음을 행복하게 이끈 계기가 되었습니다. 예를 들면 거실의 식탁에 물건을 놓지 않게 되면서 짧은 시간이나마 홍차를 마시며 마음을 차분히 다스릴 수 있는 시간을 갖게 되었고, 현관에 아로마 향을 뿌리자 아침 출근

과 퇴근길에 재충전의 공간이 되었습니다. 그리고 이것은 히로키 씨의 마음에도 좋은 영향을 미치게 되었습니다.

마음을 잘 이끌기 위해서는 평소에 내 마음이 어떤 것에 어떻게 반응하는지를 객관적으로 아는 것이 중요합니다. 그리고 자신의 마음이 행복한 방향으로 향할 수 있도록 어떻게 길잡이 역할을 할지 연구해야 합니다.

마음을 이끄는 힘을 키우기 위해, 또한 자신을 객관적으로 바라보기 위해서 다음의 질문에 답해보시기 바랍니다.

Ⓠ 다음의 경우에 당신의 마음은 어떤 반응을 나타냅니까?

예) 불쌍한 사람을 만난다. → 연민의 심정으로 마음이 아프다.

순수하고 즐거워 보이는 사람이 옆에 있다. → 내 마음도 즐거워진다.

★ 스스로 행복해지는 용기를 갖자

심층 심리를 연구하다 보면 정리를 하지 않는 사람일수록 타인에게 자신을 맞추는 경향이 강함을 알게 됩니다. 되도록 타인에게 오해를 받지 않도록, 충돌하지 않도록, 사이좋게 지낼 수 있도록 타인과 어긋나지 않는 것을 기준으로 살아가는 사람일수록 정리를 하지 못하게 됩니다.

하지만 가난신이 유카 씨 곁에서 사라지듯이, 만일 여러분이 변하면 곁에서 떠나가는 사람도 분명 생겨날 것입니다. 여러분이 행복을 손에 넣기 위해서는 나와 타인은 다른 존재라는 것을 명확히 인식하고 타인에게 무슨 말을 들어도 '나로서 살아갈 용기' 가 필요합니다.

타인을 기준으로 인정 욕구를 충족시키려 하면 반드시 충족되지 않는 순간이 찾아옵니다. 나의 욕구 불만을 느낀 타인들이 날 피하게 되고, 그러면 더욱 욕구가 채워지지 않아 원하지 않는 관계라도 붙잡아두려 집착하게 됩니다. 즉, 행복감을 스스로 조절하지 못하는 상태로 살아가게 되는 것입니다.

유카 씨는 일상 속에서 꾸준히 실천한 결과, 타인에게 무언가를 구하지 않게 되고 자신을 인정하게 되었습니다. 그러자 쫓아다녀도 계속 멀어져 갔던 행운신이 신기하게도 유카 씨에게 다가왔습니다. 이처럼 스스로 행복을 만드는 태도가 행복을 더욱 가속시키는 선순환을 낳습니다.

매일 아무리 하찮고 사소한 것일지라도 내가 할 수 있었던 것을 인정하고, 앞으로 할 수 있는 것에 대해 자신감을 가지면 타인에게 의존하지 않는 자립적인 행복감을 일상에서 얻을 수 있습니다.

그리고 욕구를 스스로 채움으로써 내면에 차오른 행복감이 배어 나와 타인에게도 좋은 영향을 미치는 선순환이 생깁니다. 매일 한 가지라도 좋으니 할 수 있었던 일, 앞으로 해낼 수 있는 일을 인정하기 위해 수첩이나 메모지에 기록을 해봅시다. 그 연습으로 다음 질문을 활용해보시기 바랍니다.

Ⓠ 내가 해낼 수 있었던 일은 무엇입니까?

예) 평소보다 일찍 일어날 수 있었다.

이제껏 말할 수 없었던 내면의 소리를 조금이나마 말할 수 있게 되었다.

행운신의 슬픔

내 앞에서 가난신이 사라졌다. 그것은 기뻐해야 할 일이었는지도 모른다. 하지만 나에게 행복해지는 계기가 되어준 존재여서 조금은 복잡한 마음이 들기도 했다.

"가난신이 떠나니 조금은 쓸쓸한 느낌이 드네. 나는 좋은 학생은 아니었지만 가난신은 나에게 좋은 선생님이었는데…."

나는 잠시 동안 가난신이 사라진 것을 느끼며 멍하니 서 있었다. 그러자 행운신이 평소와는 다른 목소리로 말을 걸어왔다.

"아저씨가 어디론가 가버렸네. 왠지 쓸쓸해. 나, 쓸쓸한 건 싫어…."

언제나 웃는 얼굴로 떠들어대던 행운신이 놀랍게도 슬픈 표정을 짓고 있었다. 그리고 행운신은 타박타박 걸어 내 방에서 나갔다.

"행운신아, 왜 그래…."

평소와 다른 모습을 보니 조금 걱정은 됐지만 나도 정신을 차리고 다시금 내 방을 보니 '마구 어질러도 좋은 공간'이 너무나 신경 쓰였다.

'가난신이 살고 있어서 손대지 않았지만 이제 그가 없으니 걱정이 되네. 벽장은 물건이 가득할 거라고 여겨서 몇 년 동안 열어보지도 않았지만 이 기회에 정리를 해야겠어.'

가난신이 사라지고 나니 그동안 열어보지도 않았던 벽장 안이

궁금하기도 했다.

나는 가난신이 사라져서 뭐라고 표현할 수 없는 기분을 달래기 위해 청소에 몰두하기로 했다.

'응? 그러고 보니 가난신이 나와 함께 있어서 즐거웠다고 말했잖아. 게다가 행복을 느끼기까지 했다고. 생각해보니 불행의 신을 행복하게 해준 내가 최강자 아냐?'

무심히 정리를 시작한 순간, 나는 한 가지 사실을 깨달았다. 가난신의 가르침을 반대로 실천하면 행복해질지도 모른다 생각해서 우직하게 실천해왔던 나. 그래서 지금의 나에게 극적인 변화가 나타난 것은 아니더라도 확실히 행복한 기분은 커졌고 일상생활도 순조롭게 보내고 있다.

무엇보다도 결계가 사라진 지금도 행운신은 이 집에 머무는 것을 선택했다.

'잘 생각해보면 불행의 신과 함께 있으면서도 행복하게 되었으니 앞으로 내게 무슨 일이 있어도 행복하게 될 수밖에는 없는 거 아냐? 이거, 정말 대단한 거잖아!!'

갑자기 가라앉았던 기분이 살아나니 정리를 하는 손길도 더욱 빨라졌다.

서둘러 벽장 앞을 가로막고 있던 물건들을 치우고 나자 비로소 가난신이 살고 있던 벽장을 여는 순간이 왔다.

'이곳을 여는 것이 몇 년 만인지. 쭉 버려두고 있었네. 조금 두근거리는데!'

벽장 안은 심각한 지경일 거라고 예상하면서 봉인했던 뚜껑을 열기로 했다. 천천히 문을 열고 안을 들여다보자…,

'어머? 의왼데! 텅 비었잖아? 여기, 수납공간으로 쓸 수 있겠어.'

예상외로 벽장에는 물건이 거의 없었다. 돌이켜보니 물건을 벽장 안에 넣는 것조차 귀찮아서 나중에 정리하려고 벽장 앞에 대충 쌓아둔 것이 오늘에 이르렀던 것이다. 어리둥절해 하며 벽장 안을 둘러보는데 초등학교 시절의 졸업문집에 시선이 머물렀다.

'아, 이런 게 여기에 있었구나. 내가 뭘 썼더라?'

졸업문집을 손에 들고 어린 시절에 쓴 장래의 꿈을 읽어보았다.

'나의 꿈은 결혼을 해서 행복한 가정을 만드는 것입니다. 가족과 매일 즐겁게 지낼 수 있도록 멋진 가정을 만들겠습니다.'

거기에 쓰인 내용은 원대한 꿈도 아닌 보잘것없는 꿈이었다.

하지만 내용을 보고는 나도 모르게 눈물이 흘러내렸다.

'그랬구나…. 그때, 이렇게 썼었구나. 나는 초등학생 때의 꿈을 이룬 거네. 멋진 가정인지는 모르겠지만….'

나는 졸업문집을 읽고 잠시 잊었던 어린 시절의 일들이 떠올라 하염없이 눈물이 흘렀다.

나는 낳아준 부모에 대한 기억이 없다. 철이 들었을 때는 이미 양

녀로 자라고 있었기 때문이었다. 그 일을 알게 된 것은 사춘기를 맞은 고등학생 시절이었다.

사소한 일이 쌓이고 쌓여서 부모님과 크게 싸웠을 때의 일이다.

"당신들은 부모도 뭐도 아냐!"

생각 없이 불쑥 나온 말이 계기가 되어 정말 낳아준 부모가 아니라는 것을 알게 되었다.

나는 어렸을 적부터 감정을 내보이는 일 없이 어딘가 아이답지 않은 어두운 구석이 있었다. 그것도 지금 생각하면 성장 과정이 원인이 아니었을까 싶다.

이 문집을 쓴 초등학생 시절에는 아직 양녀라는 것을 알지 못했었다. 하지만 어딘가 가족에 대한 위화감을 가지고 있었기 때문에 장래의 꿈으로 쓴 것은 아니었을까.

'평범한 가족으로 살아가는 행복을 원했었구나….'

어린 시절에 쓴 졸업문집 속의 장래의 꿈. 그것을 보고 당시를 떠올리자, 최근 수년간 우왕좌왕하면서 무언가를 바라며 지내온 모든 것들이 빛을 잃어갔다.

'나는 무엇을 한 것일까…. 자기계발 세미나에 가서 10억을 벌자! 라는 구호를 외쳤지만, 이제 그런 것은 아무래도 좋아. 돈을 벌어 부유하게 사는 사람들이 부러웠지만 나의 행복은 확실히 그게 아니야. 그런데 정말 오늘 내가 왜 이러는 거야?'

갑자기 무언가에 눈을 뜬 것처럼 나는 문득 가난신의 말을 떠올렸다.

내가 정리를 시작했을 즈음에 '절대로 벽장만은 손대지 말아 주세요'라고 했던 것은, 지금 생각하면 가난신은 졸업문집에 대해서 알고 있었는지도 모른다.

하지만 그때 벽장을 열었어도 나는 졸업문집에 눈길이 가지 않았을 것이다. 왠지 그런 기분이 들었다. 한참 추억을 떠올리며 눈물을 흘리고 나니 마음이 한결 가벼워지고 안정이 되었다.

그리고 그 모습을 보고 있었는지 행운신이 나에게 다가왔다.

"유카, 울고 있었네. 무슨 일 있어?"

행운신이 빤히 쳐다보며 물었다.

"그냥, 벽장 정리를 하다가 어릴 적 생각이 나서…. 어렸을 때부터 늘 외로웠던 기억이 나니까 나도 모르게 눈물이…."

나는 그저 솔직하게 지금의 심정을 털어놓았다.

그러자 행운신이 의외의 말을 했다.

"유카, 나도 늘 외로웠어. 인간은 나에게 관심이 없잖아. 관심 있는 건 내가 아니라, 내가 있으면 행운이 온다는 결과만 바라는 걸. 나한테서 행운을 빼면 그저 성가신 어린애일 뿐이잖아."

행운신의 말을 듣고 나는 아무 말도 해줄 수가 없었다. 나도 처음에 만났을 때 '행복을 가져다주는 존재니까' 함께 있고 싶다고 생각했기 때문이다.

“뭐, 그건 그렇게 중요한 건 아니고. 사실 내 친구는 집밖에 없어. 하지만 인간은 모두 불행할 때는 집을 내팽개쳐두고, 행복해지면 그때는 또 그때대로 다시 밖으로 나가버려서 집에 관심이 없는 사람이 많아. 나는 어떻게 해줄 수도 없고, 집이 외로워하는 게 보기 싫어서 결국 나도 밖으로 나가버리지. 아, 인간에게 이런 말을 하는 거, 지금까지 없었어. 유카는 정말 이상한 사람이야.”

언제나 밝은 행운신에게도 이런 면이 있었구나. 그런 사실을 깨닫자 왠지 사랑스러워 보였다. 그리고 내 맘속에 한 가지 결심이 생겼다.

“행운신도 지금까지 여러 가지 생각이 많았구나…. 그런 사실도 모르고…, 미안해지는걸. 하지만 나 방금 결심했어. 괜찮다면 나의 친구가 되어줘. 지금부터 함께 즐거운 추억을 많이 만들어가자! 싫어지면 이 집을 나가도 좋아. 나는 행복해졌으니까. 가난신과 함께 있어도 행복했었고! 나는 행운신, 네가 정말 좋아!”

행운신이 느낀 것이 어릴 적의 나와 겹치는 부분이 있었다. 그래서 나는 단순히 행운신을 순수한 마음으로 행복하게 해주고 싶었다.

인간에게 행복을 가져다주는 존재가 늘 외로움을 느꼈다는 것은 생각해보지도 않은 사실이었다.

나도 항상 외로움을 느끼고 살아왔기 때문에 조금이나마 그 외로움을 이해할 수 있었다. 가난신이 사라졌을 때 행운신이 쓸쓸한 표정을 지은 것도 지금 생각하니 고개가 끄덕여졌다.

"그런 말을 해준 건 유카뿐이야!"

행운신은 그 자리에서 앙앙 소리 내어 울기 시작했다.

마치 길을 잃어버렸던 아이가 엄마를 만나서 안도의 울음을 우는 모습이었다.

우리 부부에게는 아이가 없다. 이유는 내가 아이가 생기는 것을

두려워했기 때문이었다. 내가 자라온 과정을 알고 나서부터 아이를 낳으면 불행해질지도 모른다는 두려움이 앞섰다.

하지만 이제는 행운신을 나의 아이처럼 애정을 가지고 대하기로 했다. 그것이 나의 과거를 긍정하는 방법이며, 무엇보다도 나 자신의 행복과도 맞닿아 있기 때문이다.

| 공간심리상담가의 해설 |

행운신이 평생 떠나지 않는 집이란?

유카 씨는 가난신이 살고 있는 공간을 치우려다가 잊고 지냈던 어릴 적 꿈을 떠올렸습니다. 그 꿈은 유카 씨가 본래 바라던 행복을 기억나게 했습니다.

인간은 좋든 싫든 잊으며 살아가는 존재입니다. 잊을 수가 있기에 괴로운 일도 극복하며 살 수 있는 것입니다. 하지만 반면에 잊기 때문에 나에게 소중한 일들도 계속 되뇌지 않는 이상 기억의 저편으로 사라지게 됩니다.

집은 당신의 마음을 반영하는 거울입니다. 그래서 집을 잘 살펴보면 자신도 잊어버리고 지냈던 내면의 진실을 알 수 있는 단서가 아주 많이 있습니다. 좋고 나쁜 것을 구분할 것이 아니라, 그것을 얼마나 나의 삶에 활용하는지가 중요합니다.

행운신이 평생 떠나지 않는 집은 도대체 어떤 것일까요? 사실은 그에 대한 명확한 답은 없습니다.

저는 제 일을 통해서 수많은 집과 그곳에 살고 있는 사람들의 심리를 연구해왔습니다. 현장에서 느낀 점은, 일반적으로 말하는 '집을 깨끗이 하면 행복해진다'라는 것은 탁상공론에 지나지 않는다는 점입니다.

최근 2~3년 동안 집이 깨끗해도 행복하지 않다는 상담이 많이 늘었습니다. 또는 깨끗한 상태를 유지하는 것에 몰두한 나머지 가족 관계가 어긋나버리는 경우도 적지 않습니다.

이러한 사례에서 보더라도 행운신이 평생 떠나지 않을 집을 굳이 정의한다면 그것은 '사람 만들기'라고 결론지을 수 있습니다. 집 만들기의 본질은 사람 만들기입니다.

그리고 인간이 인간답다는 근거는 '마음'이 있다는 것입니다. 때문에 그 마음을 키우고, 마음의 형태를 만들어가는 것이야말로 인간으로서 살아가는 묘미라는 것을 저는 일을 통해서 깨달았습니다.

여러분의 집에 당신의 마음을 표현하는 작업을 소중하게 생각해주시기 바랍니다. 그것에 정답은 없습니다.

마음은 항상 요동치며 변해갑니다. 그와 동시에 집의 상태도 그때그때의 심정에 따라 변하는 것은 당연한 이치입니다. 그것을 하나의 정답으로 틀 안에 넣지 말고, 항상 마음의 상태에 맞춰 계속 변해가는 것이 좋습니다.

다만, 딱 한 가지 소중하게 지켜야 할 것은, 언제나 집에 애정을 가지고 대하는 것입니다. 그것은 여러분 자신의 마음에 애정을 가지는 것과 직결되는 문제이기 때문입니다.

유카 씨는 처음에 행운신에게 행복을 구하려고 했습니다. 하지만 지금은 반대로 행운신을 행복하게 해주겠다고 다짐하게 되었습니다. 그러기 위해서 함께 즐거운 추억을 많이 만들자는 말을 합니다.

당신의 집에는 지금 어떤 추억이 가득합니까? 또한 이제부터 어떤 추억을 새기고 싶습니까? 집에 즐거운 추억이 있으면 반드시 집으로 돌아가고 싶어집니다. 반대로 괴로운 기억밖에 없으면 집에 돌아가고 싶지 않을 것입니다.

집은 생활의 기반이며 당신이 돌아갈 장소입니다. 그래서 여러분이 돌아가고 싶은 환경으로 정리해두어야 합니다. 내가 나로 있을 수 있는 유일의 장소. 그것이 당신의 집입니다.

마지막으로 여러분이 돌아갈 장소를 '나답게' 정리하기 위해서 다음의 질문에 대답해보시기 바랍니다.

Ⓠ 어떻게 하면 당신이 돌아가고 싶은 집이 되겠습니까?

예) 느긋하게 쉬며 좋아하는 책을 읽을 수 있는 공간을 만든다.
좋아하는 향이나 물건이 있어서 항상 마음을 충전할 수 있는 환경으로 만든다.

그 이후로도 나는 행운신과 사이좋게 지내고 있다. 덕분에 생활도 좋은 방향으로 흘러갔다.

그렇게 문제였던 빚도 친구에게 변호사를 소개받아 채무를 3분의 1로 경감시킬 수 있었다. 매월 고정지출이 줄어들어 생활도 여유가 생기게 되었다.

'사업으로 성공해서 빚도 완벽 해결! 인생이 장밋빛으로 변했습니다!'라고 할 수 있다면 좋겠지만, 지금 이 정도로 정리가 된 것도 다행이지 않은가 생각하고 있다. 매일을 쫓기는 일 없이 행복하게 지낼 수 있는 것이 가장 중요하기 때문이다.

조금씩이긴 하지만 돈도 모아지기 시작했고, 그렇게 그만두고 싶었던 직장에서 실력을 인정받아 월급도 오르게 되었다.

이혼하고 싶던 히로키와는 신혼 당시의 기분을 떠올리면서 새로운 마음으로 좋은 관계를 유지하고 있다.

그에게는 행운신이 보이지 않아서 행운신의 존재는 나만의 비밀로 남겨두기로 했다. 행운신을 불러들인 것도 히로키였고, 그가 본래 가지고 있던 어린아이 같은 마음이 지금의 행복으로 이어졌다는 점을 깨달은 후부터는 히로키를 책망하는 일도 없다.

돌아보면 가난신의 가르침을 반대로 한 결과 내 삶의 방식도 역전되었다. 무엇보다도 어떤 상황이 닥치더라도 이제는 내 스스로 상황을 호전시킬 수 있다는 자신감이 생겼다.

만일 내가 다시 가난신을 만난다 해도 그것은 자신감을 잃은 때일 것이다. 그런 날이 온다 해도 이번의 일을 떠올리면 내 인생은 다시 호전될 수 있으리라는 확신이 있다. 그러니 괜찮다. 그렇게 생각하고 있다.

오늘은 히로키와 내가 좋아하는 유기농 식당에 데이트 삼아 외출하기로 한 날이다.

행운신은 집을 지키기로 했다. 우리집도 요즘에는 매우 기분이 좋다고 행운신이 알려주었다.

"안녕하세요! 오늘은 남편하고 같이 왔어요!"

식당에 들어왔는데 아직 손님은 아무도 없었다.

"유카 씨, 어서 오세요! 어머, 오늘은 남편분과 같이 오셨군요. 감사합니다. 두 분, 즐거운 시간 되세요!"

주인과 인사를 나눈 후 좋아하는 술을 주문하고 둘이서 건배를 했다. 그즈음부터 손님들이 들어오기 시작해서 식당은 금방 북적였다.

"오래 기다리셨습니다! 오늘은 두 분을 위해서 특별 메뉴를 준비했습니다! 다른 손님들에게는 비밀로 해주세요!"

"감사합니다. 너무 기뻐요!"

주인의 배려에 불쑥 목소리가 높아져 버렸다.

"그건 그렇고 유카 씨, 얼굴이 정말 좋아졌어요! 아주 행복해 보여요. 사실은 요즘 유카 씨가 오면 손님이 갑자기 많아지네요. 오늘도 이렇게 북적이는 걸 보면 분명 유카 씨 덕분이에요!"

주인의 활짝 웃는 얼굴을 히로키도 기쁜 표정으로 바라보았다.

"어쩐지 유카 씨가 행운신 같은데요!"

이번에는 옛날부터 전해 오는 행운신과 가난신이라는 캐릭터를 등장시켜 이야기를 들려드렸습니다. 다 읽고 나니 어떠신지요? 이번에 그린 이야기의 대부분은 실제 현장에서 경험한 에피소드를 근거로 한 것입니다.
저는 '정리'라는 분야를 심리적 각도에서 바라보며 상담하는 일을 하고 있습니다. 고객 중에는 집을 정리하지 못하는 고민을 가진 사람도 있지만, 반대로 세상에서 말하는 정리법을 그대로 실천해서 집은 깨끗하게 정리함에도 불구하고 사는 것은 마음대로 되지 않아 행복하지 않다고 한탄하는 사람도 있습니다.
그러한 여러 사례를 상담하면서 집을 꾸미는 데에는 '이것이 옳다'라는 절대적인 것이 없음을 절실하게 실감했습니다. 여러분에게 맞는 방법이 있으면 실천하면 되고, 맞지 않으면 다른 길을 찾으면 그만인 것입니다. 행복도 불행도 당신 자신이 선택하는 것입니다.
가난신은 유카 씨를 불행하게 만들지 못했습니다. 그러기는커녕 가난신 자신이 행복을 느껴버리게 됩니다. 또한 행운신에게 의지하지 않고도 유카 씨는 행복을 손에 넣을 수 있었을 뿐 아니라 행운신까지 행복하게 해줄 수 있는 에너지도 생겼습니다.
아무도 여러분을 불행하게 만들 수도 없고, 아무도 여러분을 행복하게 해줄 수도 없습니다. 인생의 주도권은 항상 여러분이 가지고 있으니까요.
이 책의 주제는 '돈과 행복'이지만 돈을 버는 구체적인 방법이 그려져 있지는 않습니다. 하지만 책을 다 읽은 후에 뭐든 한 가지라도 변화할 수 있다면, 돈에 관한 생각이나 돈의 흐름도 확실하게 바뀌어 갈 것이라고 확신합니다.

그리고 행복에 직결되는 것은 돈이 많은 것이 아니라 '필요한 만큼' 있는 것. 이것은 금액이 중요한 것이 아니라 금전 감각이 중요하다는 의미입니다.

아주 많은 이야기를 전해드리고 싶었지만 그 가운데 요점만 간추려 이야기로 꾸며보았습니다. 이 책을 '교과서'가 아닌 나답게 살기 위한 '참고서'로 활용해주시기 바라는 마음입니다.

마지막으로 이 책이 나오기까지 도와주신 출판 관계자분들을 비롯해 이 책의 기본이 되는 심리학의 기초를 저에게 가르쳐주신 일본멘탈헬스협회의 에토 노부유키 선생님, 해설 부분의 질문을 도와주신 질문가 마쓰다 미히로 씨, 책의 정신적인 부분에 조언을 해주신 멘탈변혁 코치 마쓰오 히데카즈 씨, 그리고 이야기를 구성하는 중심 내용이 되어주신 고객분들, 그리고 블로그와 메일 매거진 독자 여러분. 모든 분들을 다 적을 순 없지만, 제 주변에 있는 여러분의 도움이 아니었으면 이 책을 만들 수 없었을 것입니다. 관련된 모든 분에게 감사의 인사를 마지막 말로 대신할까 합니다.

마지막까지 읽어주셔서 감사합니다.

이토 유지

ZASHIKIWARASHI NI SUKARERU HEYA,
BINBOGAMI GA TORITSUKU HEYA by Yuji Ito
Copyright © 2017 Yuji Ito
All rights reserved.
Original Japanese edition published by WAVE Publishers Co., Ltd.

This Korean language edition is published by arrangement with WAVE Publishers Co., Ltd., Tokyo in care of Tuttle-Mori Agency, Inc., Tokyo through Enters Korea Co., Ltd., Seoul.

이 책의 한국어판 저작권은 (주)엔터스코리아를 통해 저작권자와 독점 계약한 윌컴퍼니에 있습니다.
저작권법에 의하여 한국 내에서 보호를 받는 저작물이므로 무단전재와 무단복제를 금합니다.

행운신이 찾아오는 집
가난신이 숨어드는 집
다시는 불행해지지 않는 정리의 심리학

펴낸날 | 2020년 2월 10일
지은이 | 이토 유지
옮긴이 | 홍미화
편집 | 이미선
일러스트 | 최정을
펴낸곳 | 윌스타일
펴낸이 | 김화수
출판등록 | 제2019-000052호
전화 | 02-725-9597
팩스 | 02-725-0312
이메일 | willcompanybook@naver.com
ISBN | 979-11-85676-60-9 13590

이 도서의 국립중앙도서관 출판예정도서목록(CIP)은 서지정보유통지원시스템 홈페이지(http://seoji.nl.go.kr)와 국가자료공동목록시스템(http://www.nl.go.kr/kolisnet)에서 이용하실 수 있습니다.(CIP제어번호: CIP2020001841)